社科新知 文艺新潮
罗曼·穆拉多夫

To

Cover

CLASSIC PENGUIN

经典企鹅
从封面到封面

[美] 保罗 · 巴克利 编著
[美] 艾尔达 · 鲁特 序言
邹欢 译

Cover

上海人民出版社

to

A VISUAL CELEBRATION 视觉庆典 *of* PENGUIN CLASSICS 企鹅经典

引言

P A U L　B U C K L E Y

保罗·巴克利

前言

A U D R E Y　N I F F E N E G G E R

奥德丽·尼芬格

序言

E L D A　R O T O R

艾尔达·鲁特

装帧设计

M A T T　V E E

马特·维

Hi Paul
I was in the neighborhood
and decided to drop
this. it's just a
little reminder to
say I'm always up
for a collaboration!

Have a nice day

Simone

嗨，保罗：
我路过附近，决定给你
留个字条。我想说我随
时乐意与你合作！
祝你今天过得愉快

西蒙娜

SM

Contents 目录

经典 企鹅

Foreword

by AUDREY NIFFENEGGER

前言

奥德丽·尼芬格

人们说你不能光靠封面去评判一本书。

但如果那是一本经典，你不需要去看封面——经典作品早已披着迥异的封面被评价过无数次，无论封面是好是坏都存活了下来。它的声誉源自书名和作者，而不仅仅是各版的封面。

这给了设计师和艺术家自由发挥的空间。当潜在读者觉得她/他知道这本书时（不论它是一本深受读者喜爱、被读了又读的书，还是一本大名鼎鼎、融入文化到无人不知无人不晓的书），我们不必只靠设计去定义或叫卖这本书：书的名气也是一种设计元素。

几百年前的书通常采用皮革或木质的装帧。那时候卖的书没有封面，读者把一摞摞未裁切的书页拿到装订工那儿照自己的喜好装订。书在过去是家具。此后的书籍有了朴素的布质封面——内敛沉默的封面也许会闪烁着烫金，但大多都静候别人的发现。接着，出现了护封和平装本，东西开始变花哨。

如今，书籍的装帧全靠创意。

据联合国教科文组织统计，2013年全球出版了一百多万本书，其中许多是由作者自行出版，还有许多是电子书，大多只卖了几百册。在竞相争夺读者好感的这个领域里，实体书必须要引人注目。它们要有性感的内涵，是文化结出的花朵；它们还要多姿多彩，创意满满，新颖而美妙。在竞争激烈的图书市场，一本书要么自我彰显，要么湮没消逝。

经典名著得时不时被再次构想，不管它们原来的封面有多出彩。封面决定了读者的读书欲。书只存活于读者的头脑中。装帧设计师和艺术家则要兼顾书本身、作者的经历、书的反响度和它之前可能有过的封面。字体、图像、智慧、历史、性、吹捧，他们调动一切，只要他们觉得能打造这本书的未来，并让读者从众多书籍中挑出这一本。然后他们出门吃顿午餐，回来重复这一过程做下一本书。

保罗·巴克利自1995年起开始负责企鹅经典豪华版系列。该系列的作者包括卡夫卡、陀思妥耶夫斯基、马克·吐温、杰克·凯鲁亚克、简·奥斯汀、托马斯·品钦、玛丽·雪莱、安吉拉·卡特、罗尔德·达尔、萨德侯爵、埃丽卡·容等等。在保罗的怂恿做媒下，许多作品都找到了良人如弗兰克·米勒、吉莉安·玉城、努马·巴尔、迈克·米格诺拉、伊万·布鲁内蒂、彼得·西斯、切斯特·布朗、阿尔特·斯皮格尔曼、杰西卡·希舍尔、托尼·米伦内尔、雷切尔·森普特等许多艺术家。乍看有些杂乱，但成果惊人。

艺术家、设计师和书的摩擦互动生成了一种新产物。书被改造了，给读者带来焕然一新的愉悦，其魅力再度彰显。这是艺术家的功劳，他们通过不尊重书重塑了书的尊严。艺术家不经意地对待书籍，把玩着、钟爱着，然后离开，因为他们知道这些书会存续下去、被另一个艺术家改造。比爱书之人活得更久，这是经典的特权。

最后还剩一个问题：为什么出版这本书？企鹅图书创立于1935年，出版平价的经典名著。从一开始，创新的设计就被用来吸引读者并向他们保证：这是品质；你会喜欢的。《经典企鹅：从封面到封面》是一本典型的企鹅图书，浓缩了文学书籍装帧设计的奇思妙想。保罗·巴克利和他的艺术家们对这些书做了出其不意的解读，每一本都呈现在此，极度经典的华美让我们为书痴狂。每一本都夺人眼球，好在它们都汇聚在这本书中，所以，亲爱的读者，你们可以一次大饱眼福。

• 爱德华·金塞拉三世

Preface

by ELDA ROTOR

序言

艾尔达·鲁特

企鹅周四的装帧会议是每周的亮点。出版人、编辑以及市场部的同事和总监、设计师一起讨论书要做成什么样。作为编辑，我们会分享一本书传达的意义和主题，觉得喜欢或想要避免的封面都会拿出来给大家看。偶尔地，我们会提些特定要求，比如《米德尔马契》上“不要女帽”，《泰坦尼克号》上要有船的截面图，《福尔摩斯探案集》上要有藏着蛛丝马迹的伦敦街景。我们的设计师总能直面挑战，拒绝平淡无奇、只求新颖巧妙，可能会有些颠覆，但始终很**企鹅**。

这只是刚刚开始。保罗·巴克利、罗斯安妮·塞拉和他们有才的团队把所有人的意见收集起来放到我们纽约办公室二楼，让它们在这口创意锅里慢慢腌泡。几周后，他们把候选设计师的样稿像地图一样铺陈在会议室的桌子上，让我们挑选。之后，艺术部的同事开始用自己的风格讲述，并指出哪些是可行的。也就是说，根据审美、一组颜色或仅仅是搞艺术的第一直觉，他们可以看出那个艺术家也许能丰富我们已有的出版。最重要的是，他们信任作品册和设计图背后这一协作的艺术创造过程。这对编辑来说可能得冒点风险，但通常成果喜人，大大超出我们的预想。

给书做封面——我们认为读者想要的以及他们真正喜欢的——对各方来说都不易，给企鹅经典做封面尤其具有挑战性，让人跃跃欲试。许多书先前各版本足构成一段悠久的封面艺术史，光是企鹅经典就有不少版本。每一本书既经典又现代，一次又一次吸引了读者。所以这样一本书看上去应该是什么样的？企鹅经典看上去应该是什么样的？

企鹅经典自1946年推出以来，别具一格的装帧设计已深深融入企鹅的DNA。摆放着薄荷绿书脊的企鹅二十世纪经典的书架上，这下又能摆上2003年新推出的、礼服般干脆利落的黑脊企鹅经典。过去十年还涌现了一系列获奖的企鹅经典豪华版，毛边纸和勒口给艺术家和插画家增添了新画布。在保罗·巴克利的指导和眼光下，我们开始研究精装设计，给设计师更多异想天开的机会，给读者带去更多惊喜。

我们的许多版本成了向实体书示爱的情歌。我办公室的座位后面摆了全套的企鹅大写字母系列和企鹅惊悚系列，它们是一块欢迎牌，无论同事还是访客都会忍不住挑一本，记下一本最爱的经典。我觉得，那种记忆以及你与书的相遇，从第一次读到再次发现，都从封面开始。封面需要我们深刻理解一本书。你可能并不觉得一个封面反映出了你对书的看法，但它能引起响应，刺激读者的想象以构建作者在书页上创作出来的世界。最先做出想象的是艺术家和创意总监，他们的合作代表了出版业里最令人满足的工作——用富于创意的视觉作品把读者与作品相连，邀请他们加入一段美妙的阅读体验。

我很幸运，能与保罗·巴克利和我们出色的设计团队一起工作，享受从最初的草图到出版物的制作过程。我们分享了手工缝制品、最爱的网站上美丽的字体，当然还有最爱的经典选段，给整个过程增添了质感与情趣。最初的草图、半成品样张和装帧会议上的打样装点了我的办公室，每次回到那里，这些创作的各个阶段总让我燃起编辑的热情：迫不及待地想看到这本书出版。

这是企鹅经典的封面给业内人士激起的热情。但在外界，在餐桌和书架上，则是读者在拿起书的那一刻被封面触动。许多年后，当她从书架上拿起她的挚爱，一本破旧折角的、做了注解的企鹅经典时，触动依旧。这些封面带有我们的阅读记忆，每次的相遇都激发了我们的想象。书的封面是一把钥匙，带我们打开由作者、艺术家和我们自己所打造的世界的大门，一页一页地、从封面到封底。

Introduction

by PAUL BUCKLEY

引言

保罗 · 巴克利

文学作品越伟大，责任就越大。

我知道，我明白，才写下第一句，我就已经俗套透顶。

但我深信这一点，或者说我因此而忐忑不安。我说责任，不光是指“要做到与经典并肩的高度”——我做事的确非常认真，还指“说干就干”的那股劲儿。但我不行。格拉维塔斯叩开我的家门，发现我家完全不适合人类居住。干脆把门窗都封死吧，她说，这地方没救了，臭得像养了百来只猫一样。艺术家的自我怀疑（也许只有我这样），觉得这些书、作者和同事需要一个更加精致洋气、穿衣更有品味的艺术总监，或者至少是来自康涅狄格州，而非住在费城东北部的砖瓦平房里。

我是怎么一路走来的，说来话长，要从“很久很久以前”开始。“在某一刻决定了一起做喜欢的事”，于是我们就成了现在这样，从未回头看过。设计师喜欢说客户有多好，我们就有多好。说得太对了——看看版本说明就知道我们做得有多好。大部分都归功于某个艺术总监或著名设计师，或者一个被盛赞的设计团队。但在那些视觉创作人背后是强大的编辑团队，他们踏实肯干，大力支持着那部作品。我和我负责企鹅经典的团队也有这么一位编辑艾尔达·鲁特，她冲上来大喊一句“快，我们做这个吧！”，约翰·西奇里亚诺和年轻的山姆·拉伊姆紧随其后。他们身边还有总是勇敢无畏的凯瑟琳·科特和不畏缩的帕特里克·诺兰。每个人都单纯地享受着工作，放手让设计师去做他们最擅长的：跟着视觉走。他们不会压制设计师。

多亏了这样的开明，我的工作通常都挺轻松。我联络自己喜欢的艺术家，他/她的表达能以某种现代的方式与素材相匹配。我会写诸如“请大胆尝试，好好享受”的话，也许看上去挺老套——但我就是那么写的，因为那正是我想要的。我想让大家欢笑、震惊，或者再稍稍忐忑些。我想让所有人都从一种前所未有的角度去看素材。如果看上去像似曾相识的经典，那么从头再来。

对我来说，经典的包装之美在他人眼中通常是诅咒——这些书和封面已经被做过上百万次，但正是因为这样我们才得以解放，走出这部人人皆知的作品所剩无几的领域。对设计师和艺术总监来说，这是最好的客户、最棒的素材。

我们对经典都有既有的概念，但把经典素材做得与众不同则十分简单，简单到让我惊叹。吉米·亨德里克斯弹出《星条旗永不落》时，正是这两种东西的碰撞融合让全世界起立并认可。

当你面对一堆乱七八糟的素材但出来的效果极佳，那就是艺术能对你自以为你了解的东西所做的。

这本书中的艺术家和作者会告诉你他们沉浸到这个素材里是什么样的，以及用他们的双手和头脑，让这些永恒的主题与小说得以延续，进入你我生活的世界中。你将会看到没有登上封面的东西、粗略的想法、封面背后的故事、出色的以及“我的天你在想些什么？”的东西。

这本书集美丽的艺术与设计融合、强大的经典文学之大成。总能有方法去获取全新的体验——其乐趣在于寻找能帮你、做你恰好想要的东西的人。

Penguin

企 鹅

GALAXY
银河
SERIES INTRODUCTION BY
NEIL GAIMAN

Penguin GALAXY

企鹅银河系列　字体设计：亚历克斯·特罗切特

《沙丘》《2001:太空漫游》《神经漫游者》《黑暗的左手》《永恒之王》《异乡异客》

创意总监：保罗·巴克利　**系列导读作者：**尼尔·盖曼　**编辑：**约翰·西奇里亚诺

● **设计师、字体设计师：亚历克斯·特罗切特**

企鹅经典的**银河**系列的封面装帧设计要求每一本书封面只包括书名的字体排印，并且立意要特别，整个系列的风格一致，从最短的书名**《沙丘》**到最长的**《黑暗的左手》**都能看到同一种风格。这是我第一次做系列书的设计，虽然目前来说这还不成一个设计系统，但需要设计师不能把每本书做太满，还要从整个系列出发，思考各个书名间的差异。

第一步要想出一本书字体设计的概念。一旦每本书的主题确立下来，接下来就要确定系列风格，前后一致地把所有书都含括在内但又能足够灵活，让每个标题的字体都有自己的个性。比如**《神经漫游者》**的字体有种80年代的怀旧，而**《沙丘》**更多偏向装饰艺术风，**《2001：太空漫游》**则是模块几何设计。

《沙丘》：这部小说围绕厄拉科斯，一颗银河系中重要的战略政治行星，参与各种事件的各色人物从不同的角度看待这颗星球。

DUNE一词的字母结构很特别，U形结构90度旋转四次，无论怎么转，读出来都是DUNE。

这个字母游戏紧密地结合了厄拉科斯的概念，这颗行星在银河系中是一个经过严密计算的事件。出于可读性的考虑，我的设计图最后放到了封底。封面则着重中世纪史诗基调的未来主义表达。埃及或装饰艺术风格与未来和沙漠的概念很好地交织在一起。

-90°　+90°

• 系列照片，亚历克斯·特罗切特

● **设计师、字体设计师：亚历克斯·特罗切特**

《2001：太空漫游》是人类无法理解的永恒之谜。封面又玩了个游戏，逼着我们从不同角度去辨识书名。看上去是一副不完整的拼图，要读懂有点难。封底其实是封面重构前的一个版本，元素更简洁。最初的草图还要更加抽象，把可读性逼到极限，给读者的游戏难度增加了。

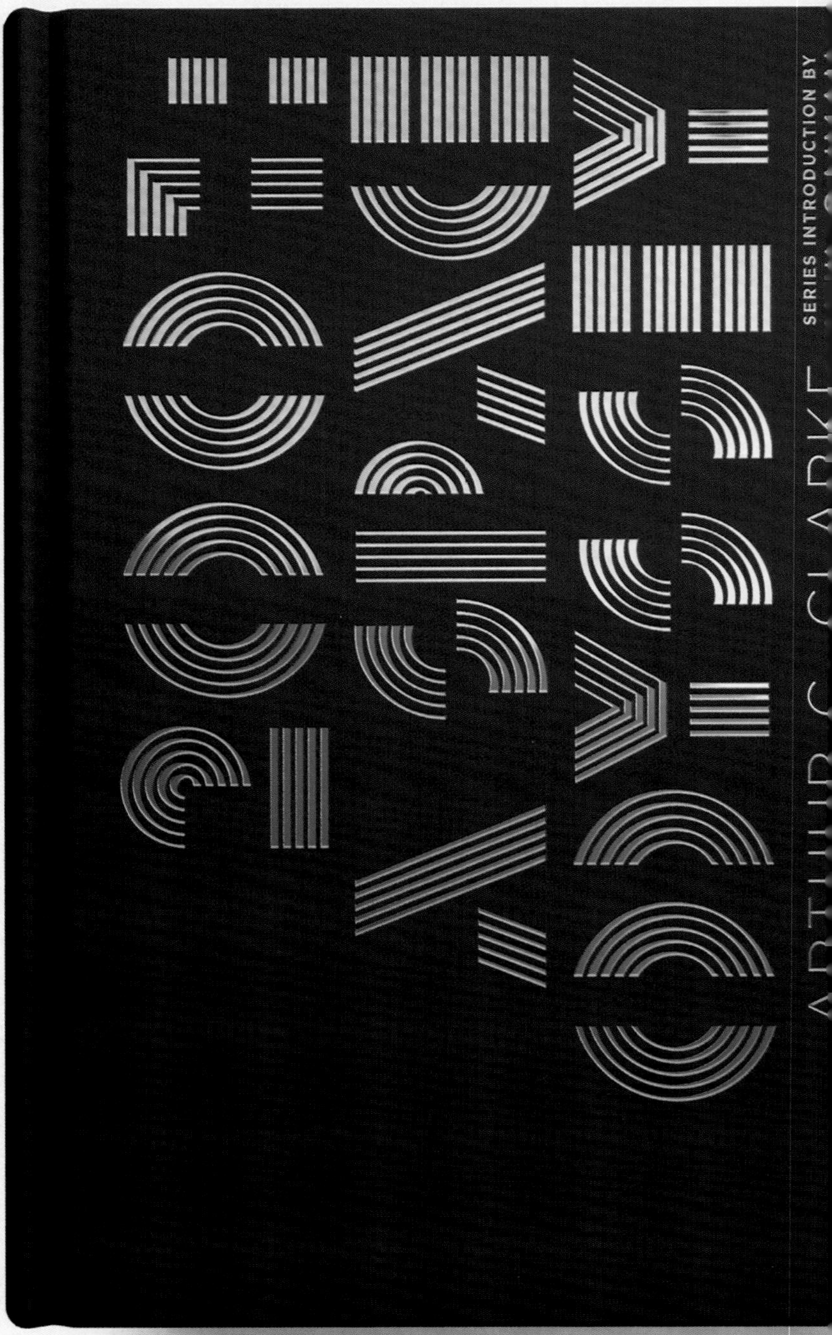

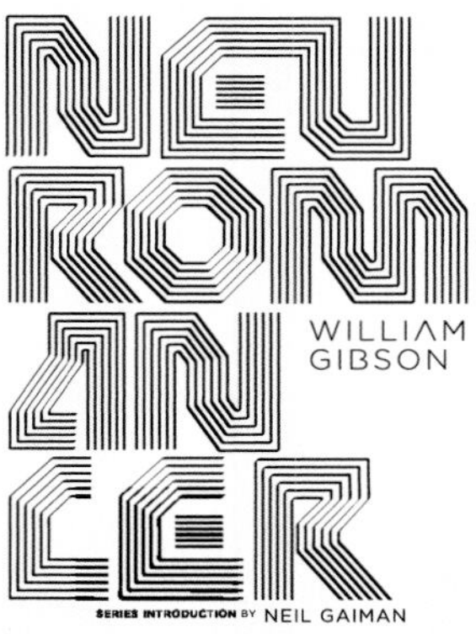

● **设计师、字体设计师：亚历克斯·特罗切特**

《神经漫游者》：威廉·吉布森让“赛博朋克”的概念家喻户晓。**《神经漫游者》**描绘的世界混乱复杂，在其外还有一个更加复杂精细的数字世界。书中呈现的未来并不利落或明快，而是晦暗模糊的，混合了各种元素——文化、种族甚至人类/机械。

脉冲波形干扰的设计恰好捕捉了混杂在一起的人类与机械、实体与虚拟、机械人类化与人类机械化。

这是我一开始的想法。

● **设计师、字体设计师：亚历克斯·特罗切特**

设计这些封面我乐在其中，把项目变成上瘾的游戏，自然有好的成果。但说实话，设计是各方接受、认同后的产物，不能固执己见。客户和设计师通过交流以找到最好的方式去介绍产品，这是取得最终成果的关键。双方必须要交流作品，来一起克服过程中的限制。设计源于限制，在于根据你自己的个性和风格但同时和客户达成一致来突破限制。我觉得这个系列清晰地体现了这一点，能和企鹅团队以及这些历史珍宝合作真是我的荣幸。

• 封底，亚历克斯·特罗切特

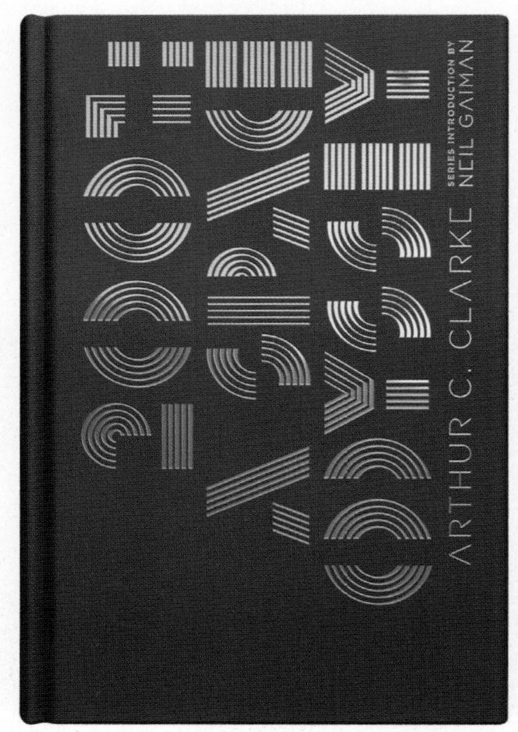

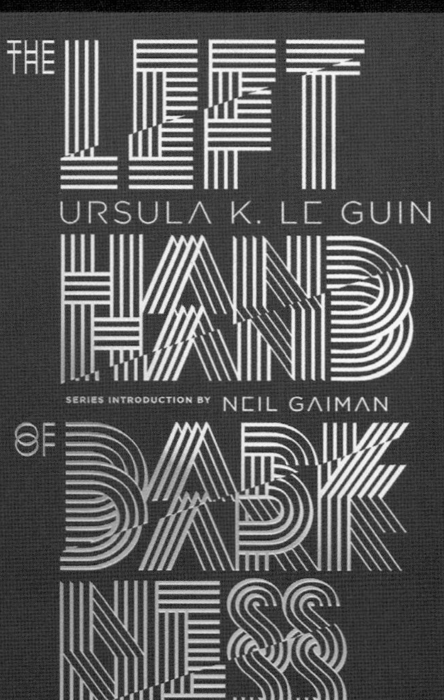
THE LEFT
URSULA K. LE GUIN
HAND
SERIES INTRODUCTION BY NEIL GAIMAN
OF DARKNESS

THE ONCE AND FUTURE KING
T.H.WHITE
SERIES INTRODUCTION BY
NEIL GAIMAN

NEUROMANCER
WILLIAM GIBSON
SERIES INTRODUCTION BY
NEIL GAIMAN

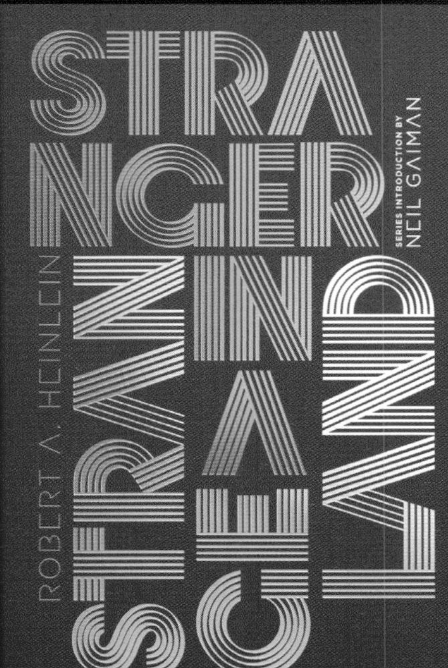
STRANGER IN A STRANGE LAND
ROBERT A. HEINLEIN
SERIES INTRODUCTION BY
NEIL GAIMAN

Penguin Orange

企 鹅 橘 色

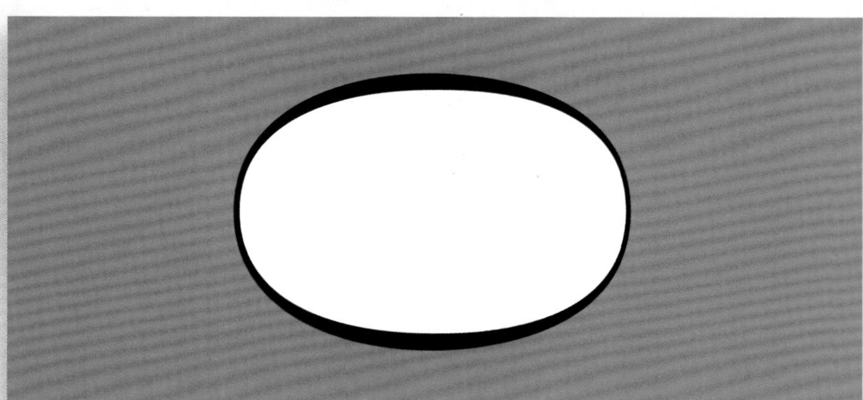

COLLECTION

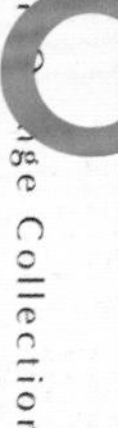

Penguin Orange Collection

系列

Penguin Orange Collection

Penguin ORANGE

企鹅橘色 系列 作画：艾里克·尼奎斯特

《系统之帚》《雪豹》《伊甸之东》《克苏鲁的呼唤》

设计师、创意总监：保罗·巴克利 **编辑：**艾尔达·鲁特

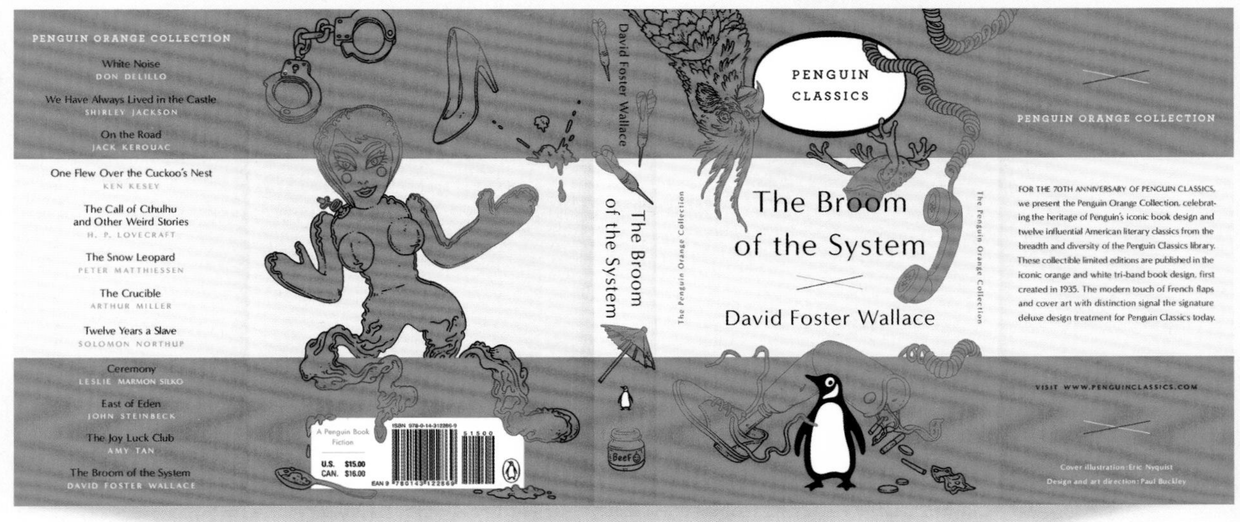

● **插画师：艾里克·尼奎斯特**

企鹅经典统一的设计是出版业里的出色传统。所以当保罗·巴克利提出把我的作品融合交织进一套字体明快、蔚为壮观的橘色书，想到自己将会从视觉上侵犯经典设计，还有斯坦贝克、华莱士、凯鲁亚克等名家著作，我便激动不已。许多书如**《在路上》《伊甸之东》《飞越疯人院》**都已经改编成电影，但我还是选择把每本书都读一遍来搜集作者文字中的意象。某个星期，我的未婚妻看到我桌上的便利贴上写着“班比家”、“鸡尾鹦鹉弗拉德”、“手铐”、“充气娃娃布兰德”，她有些好奇。我解释说它们都摘自大卫·华莱士**《系统之帚》**。如今我看待企鹅经典封面的角度不一样了。不是经典的平面设计，而是离经叛道的立体画，展现恐怖、荒谬和禁忌。溅泼的荧光色、充气娃娃边上滴落的污泥和手铐可能带有80年代色情片故事情节的意味，我很喜欢这一点。但再细看一下你会发现，这是被一个闹腾的婴儿吐出来的Stonecipheco公司出的婴儿食物（牛肉味）。

• 草图，艾里克·尼奎斯特

• 系列照片，内部资料

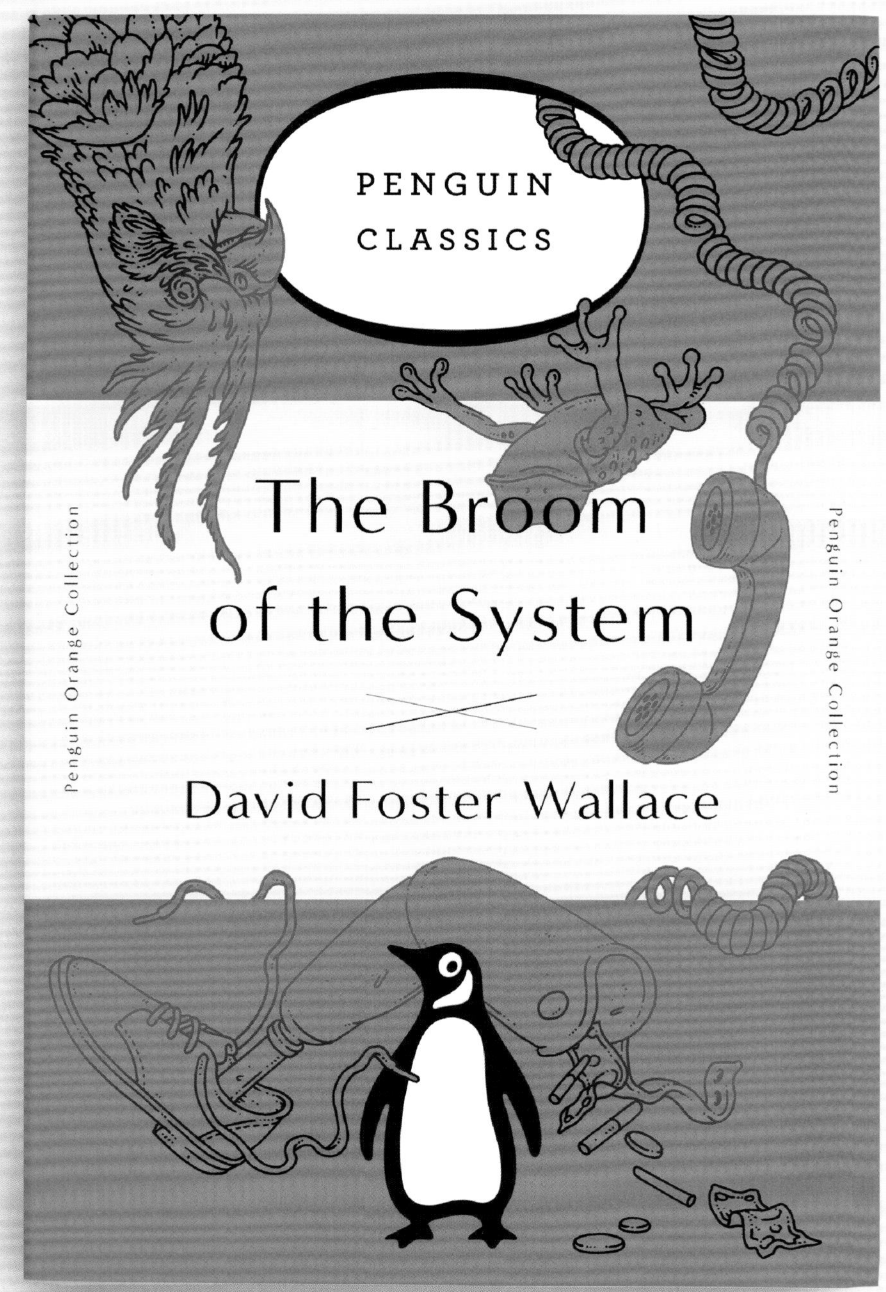
PENGUIN
CLASSICS
The Broom
of the System
David Foster Wallace
Penguin Orange Collection
Penguin Orange Collection

PENGUIN
CLASSICS
The Snow Leopard
Peter Matthiessen
Penguin Orange Collection
Penguin Orange Collection

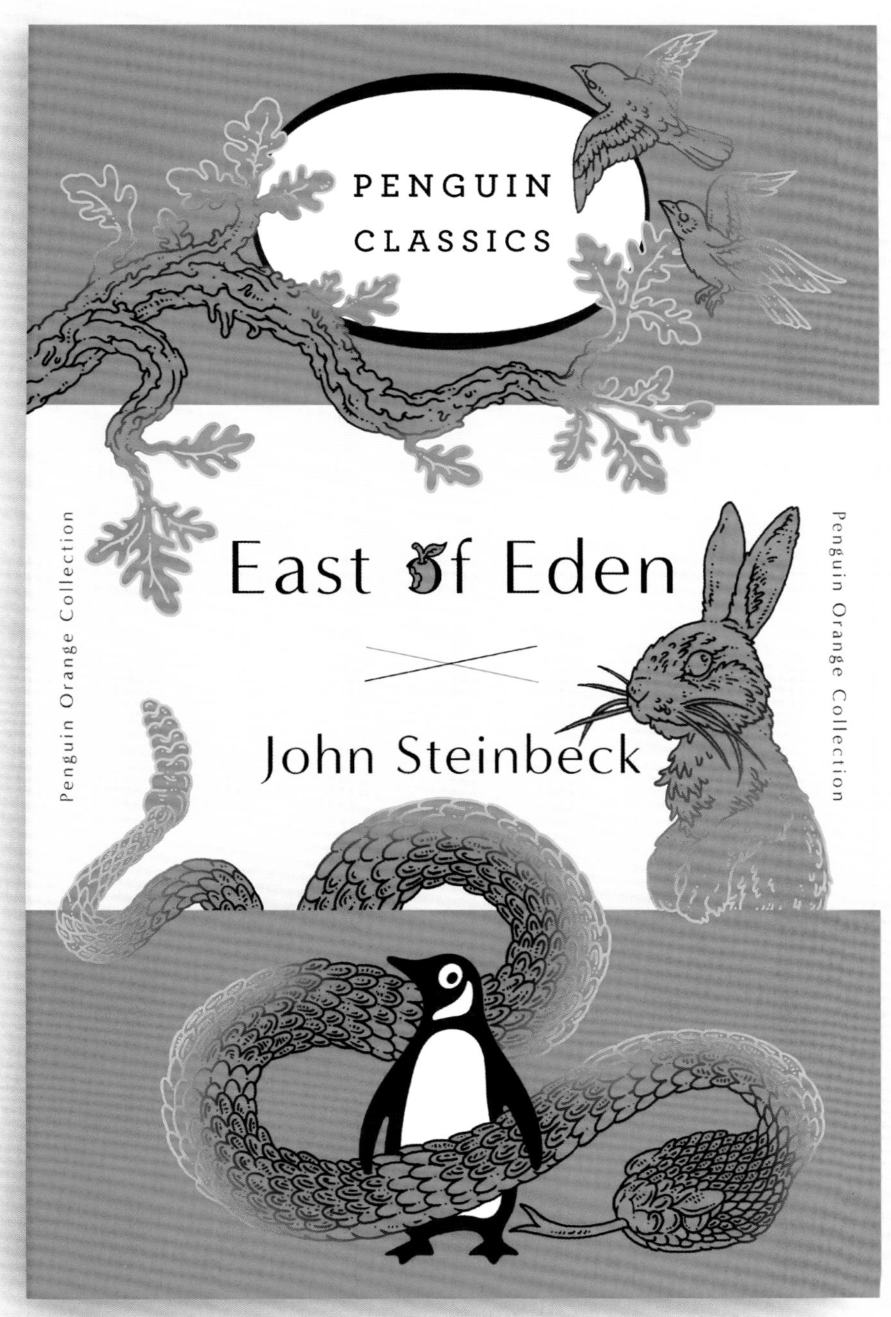
PENGUIN
CLASSICS
East of Eden
John Steinbeck
Penguin Orange Collection
Penguin Orange Collection

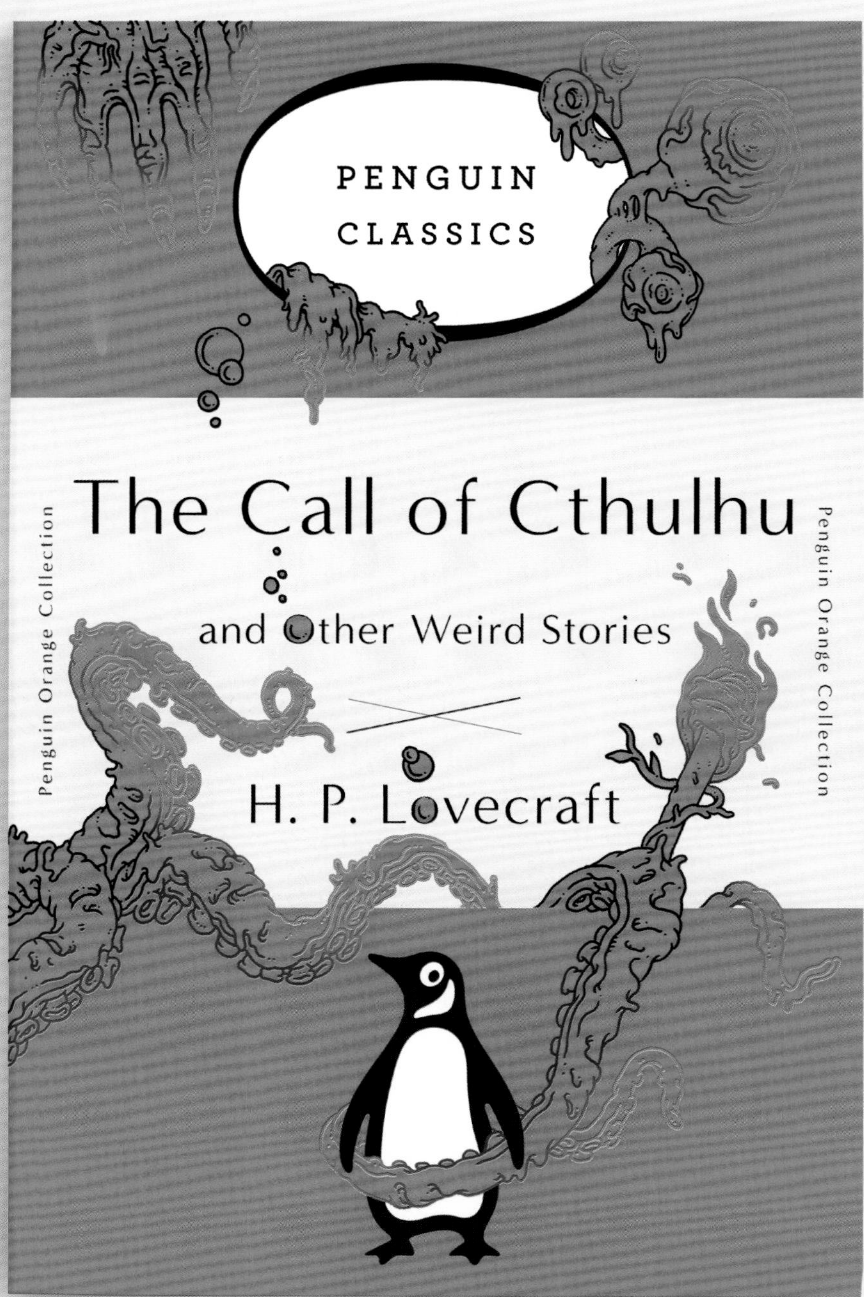
PENGUIN
CLASSICS
The Call of Cthulhu
and Other Weird Stories
H. P. Lovecraft
Penguin Orange Collection
Penguin Orange Collection

• 草图，艾里克·尼奎斯特

设计师、创意总监：保罗·巴克利

企鹅是品牌史上最具标志性和视觉性的品牌之一。这套三段式系列在书籍封面中的辨识度的确是最高的。如果你在谷歌图片里搜索两个词，企鹅和封面，跳出来的图片一半都是这套知名的系列。我们正在做的就是玩转、颠覆企鹅历史上这一著名的设计。

艾尔达引入了新的、更加当代的作品，而我则将设计变得更现代。其中必不可少的是对企鹅标识的解构，让它别再那么摇摇晃晃——虽然，相信我，我明白摇晃感也是书籍的魅力所在。我想让这一套一眼就能被人认出来属于三段式系列，但又有别于传统。我的做法是把姊妹书变得更时髦、更当代。我把企鹅外围椭圆形的一圈去掉，但保留了椭圆形的色块，把它侧放至封面顶部，代替了原来圆乎乎的“企鹅图书”（原来那到底是个什么玩意儿？）。我是在每周的设计例会上得知这一新系列的，当场我就想到要以互动立体的形式，给封面上的各个形状增添意象。在那之前的几天，我刚设计完《经典企鹅》的初稿封面，在封面上搞再创作的那种感觉还在，所以我立刻于会上画了这幅小草图。艾尔达、凯瑟琳·科特和帕特里克·诺兰都很喜欢。

• 扬·奇肖尔德制作的原始的企鹅框架图，图上是保罗·巴克利的素描。

下一步就是找合适的艺术家，让他们处理改图，突出显示该书的内容。一直以来我都想和艾里克合作，他的样图也在我那堆工作材料里。会议一结束，我就知道他是这个项目的最佳人选。他完成了每一个艺术总监的梦想：接过十秒钟画出来的破草图，看到了它的潜力，并赋予它新生。

Black

黑 色

SPINES
书脊

PENGUIN  CLASSICS

AUTHOR

Title

Introduction by ________________

The Case Against Satan 驱魔 雷·拉塞尔

插画师：萝拉·杜普雷　**艺术总监：**马特·维　**创意总监：**保罗·巴克利　**编辑：**艾尔达·鲁特

● 插画师：萝拉·杜普雷

每一片纸都是手工布置好、拿一把细刷点缀到平面上的。上百张纸片，有时甚至有上千张。用纸做你会遇到在电脑上不会有的困难。纸片拼贴的世界里没有Ctrl+Z的撤销选项——你能观察到纸质实物细微的阴影和质地，能限制你的只有双手的灵活度。这样的工作方式对我来说不新奇，我一直都是这么去做的。

• 无题，以火柴做比例参照，萝拉·杜普雷

● 艺术总监：马特·维

在创作过程中我们发现，加上越多的纸片，反而变得越来越不邪恶。之前“兽性的”、“恶魔般的”犄角现在看来蠢蠢的，只会让读者分心，忽视了萝拉作品中一贯的惊悚细节。最后我们发现，通常我们要的仅仅是一个简单的理念并出色地执行。惊悚，但是优雅。

• 草图，萝拉·杜普雷

PENGUIN  CLASSICS

RAY RUSSELL

The Case Against Satan

Foreword by LAIRD BARRON

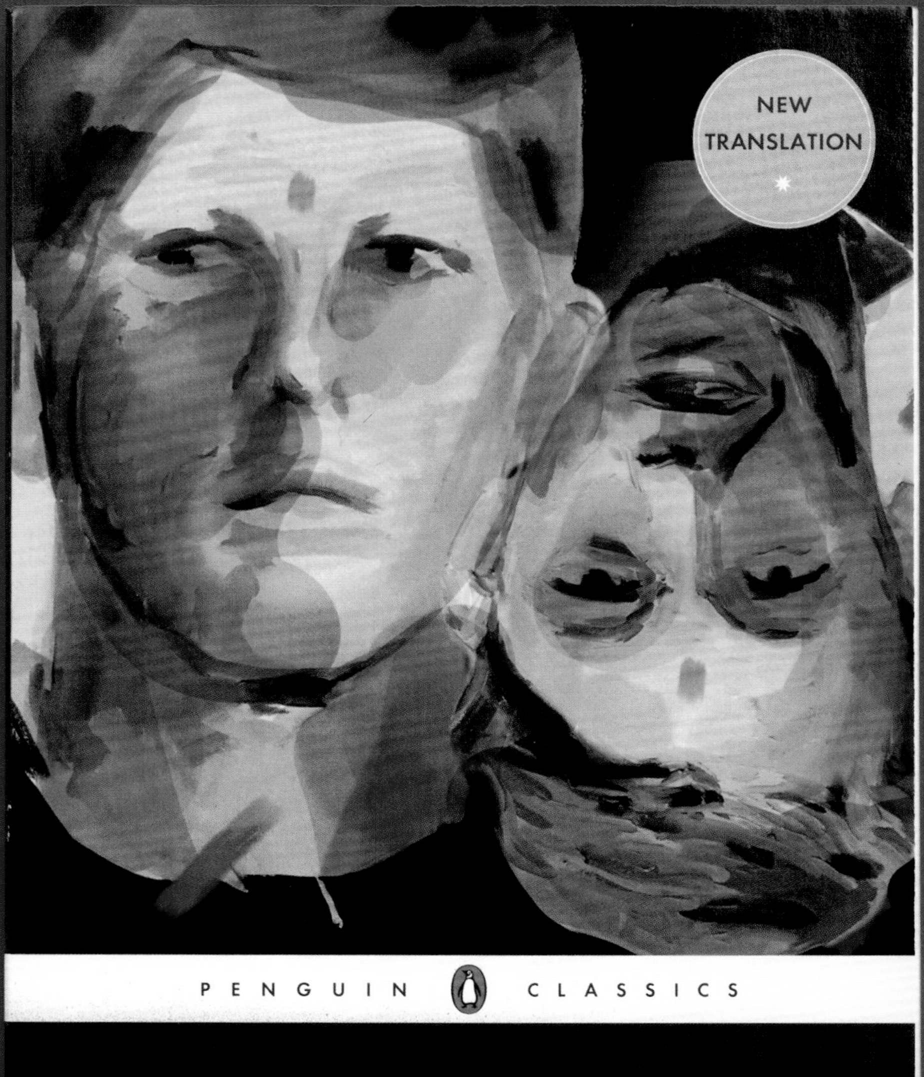

NEW
TRANSLATION

PENGUIN  CLASSICS

HERMANN HESSE

Demian

Foreword by JAMES FRANCO
Introduction by RALPH FREEDMAN
Translated by DAMION SEARLS

Demian HERMANN HESSE

德米安 赫尔曼·黑塞 作画：詹姆斯·弗兰科

插画师：詹姆斯·弗兰科 **拼贴：**约翰－帕特里克·托马斯 **创意总监：**保罗·巴克利 **编辑：**约翰·西奇里亚诺

● **插画师：詹姆斯·弗兰科**

伊万，我的德米安

德米安，不同寻常的艺术指导的故事

一个男孩受到其神秘同学的启发

我绘制了一系列的黑白画，素材是高中毕业班年刊里的照片：学生在镜头前姿态僵硬的、打排球的、玩水球的、在学校舞台上表演的，等等。

最好的一幅是我的朋友，问题少年伊万的肖像画，他是个白肤金发的俄罗斯裔异教徒，发色浅得近似白色。

书中的德米安对主人公有积极的影响，但伊万对我却不是。他把我拖进了青少年犯罪和酒色的暗巷。我们喝麦芽酒，一起抽骆驼牌香烟和廉价大麻。

每周末伊万都要打一架。

他总是输。

所以每到周一上学，他的两眼乌青，脸上有伤口，乌青块在奶白色的身体上显得像巨型的蓝莓阿米巴虫。

每当我境遇糟糕时，甚至当我在服缓刑、驾照被吊销、被父母威吓要把我关进少管所时，我都会安慰自己起码没有伊万那么糟。

高中毕业后，伊万被诊断为精神分裂。他在旧金山跳楼自杀了。

我决定用伊万的照片再配一张我十二岁时的照片。我，天真无知；他，世故、厌倦、固执。这样的组合是我最近似**德米安**式的友谊。

我没有神秘的救助者，但我有伊万，不羁的灵魂燃烧了一生，攻击一切挡住他去路的东西，然后还没来得及回头就自爆了。

愿你安息，伊万。

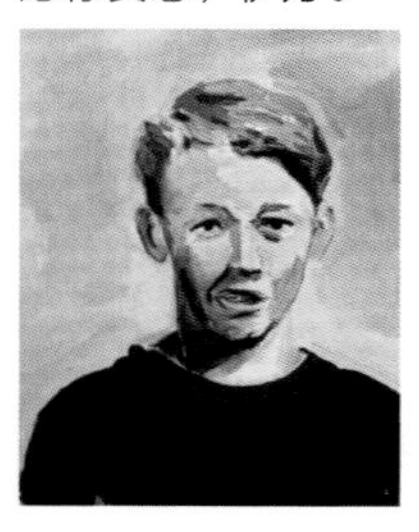

• 詹姆斯·弗兰科作画

Perchance to Drear

偶然之梦 查尔斯·博蒙特

插画师：威廉·斯威尼　**艺术总监**：柯林·韦伯　**创意总监**：保罗·巴克利　**编辑**：山姆·拉伊姆

• 草图 / 过程，威廉·斯威尼

● **插画师：威廉·斯威尼**

为**《偶然之梦》**进行艺术创作是一种美梦般的享受：这部集子里的小说包含许多超现实的噩梦般的意象、角色和场景，十分吸引我。我也发现查尔斯·博蒙特的文字有种鲜艳的、漫画一样的感觉，我想用色彩和画风来体现它。

我立刻想到了穿梭在地狱图景里的一条路，画了出来，连同另一幅草图寄给了柯林·韦伯。另一幅草图是从《丛林》这一篇小说取了一个沉思者的意象，他站在阳台上眺望一片未来世界的景色。这个构想可能也不错，但我觉得小说集中各种怪兽出没的鬼屋小火车之旅更加生动刺激。所以我很高兴被选中的是后者。

点画法有点弗吉尔·芬利的感觉，他是科幻 / 奇幻插画的巨匠之一。我虽然达不到他大师级的技术，但用心呈现了类似的感觉，我认为和博蒙特的作品很搭。看到最终版的封面设计我很满意，尤其是我的名字能和雷·布拉德伯里、威廉·夏特纳出现在一起，太令人激动了。

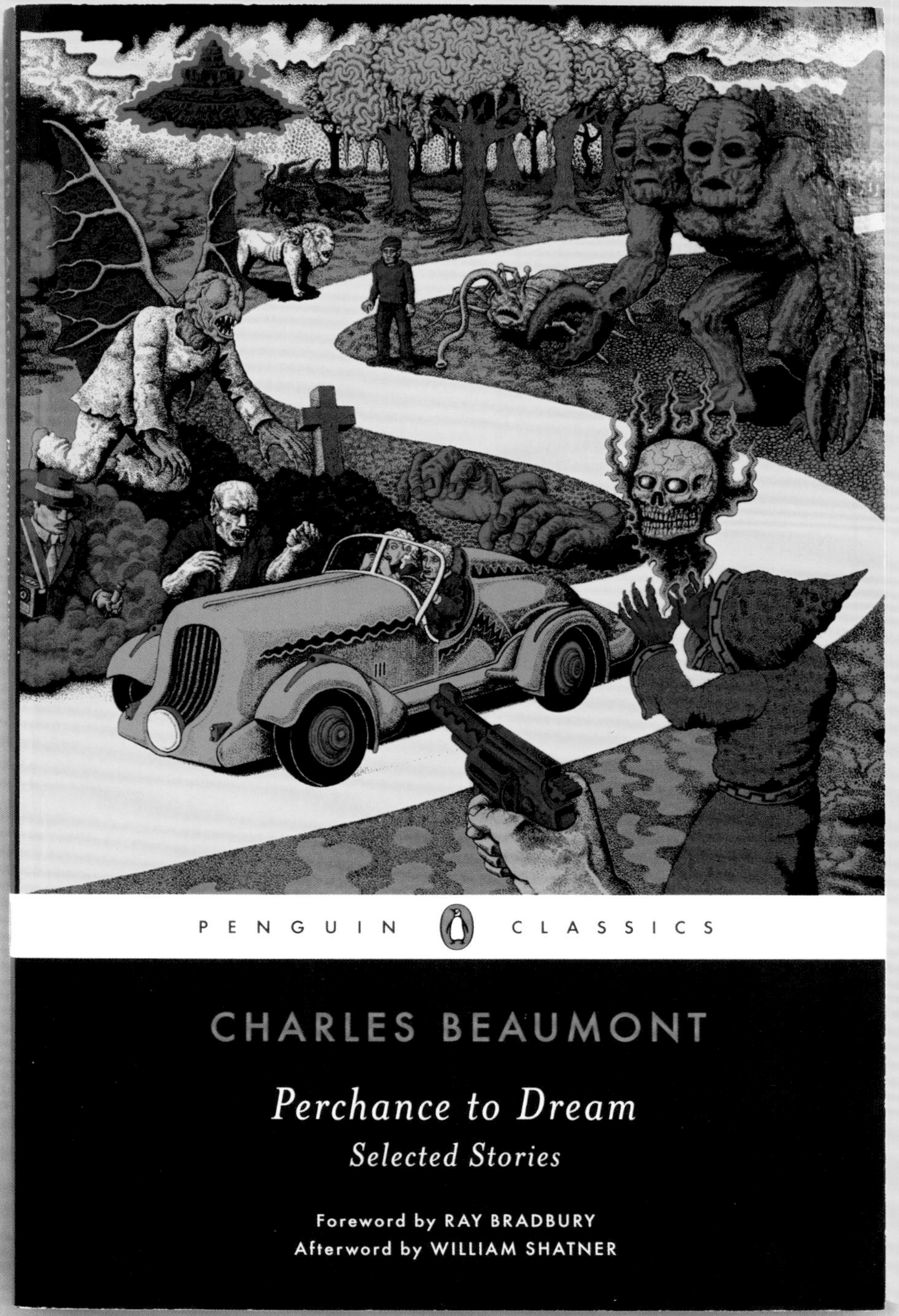

PENGUIN  CLASSICS

CHARLES BEAUMONT

Perchance to Dream

Selected Stories

Foreword by RAY BRADBURY

Afterword by WILLIAM SHATNER

黑色 书脊

• 脸部照，亚历克斯·马约利摄；漆画，邦·杜克；拼贴，艾瑞克·怀特

Black SPINES

黑色书脊 作画：艾瑞克·怀特

《隧道》《殉难者》《角落B》《第二大道》

创意总监：保罗·巴克利　**编辑：**约翰·西奇里亚诺、艾尔达·鲁特

PENGUIN CLASSICS
ERNESTO SÁBATO
The Tunnel
Introduction by COLM TÓIBÍN

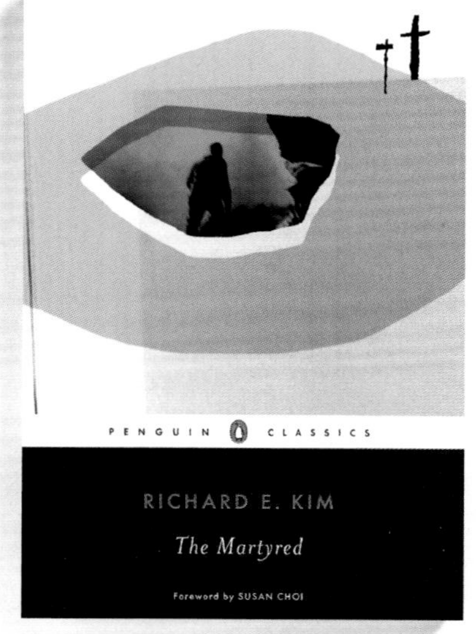

PENGUIN CLASSICS
RICHARD E. KIM
The Martyred
Foreword by SUSAN CHOI

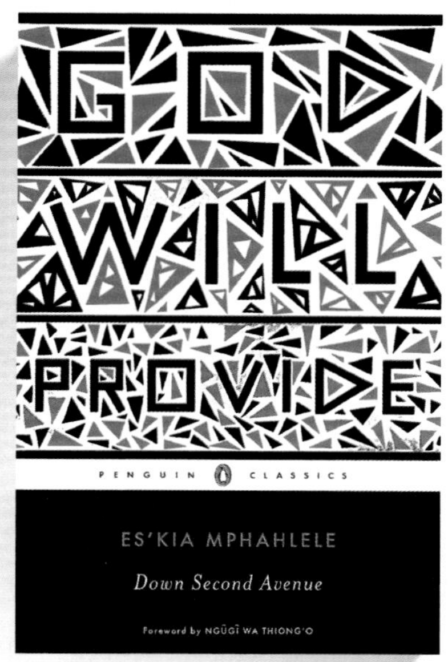

GOD
WILL
PROVIDE
PENGUIN CLASSICS
ES'KIA MPHAHLELE
Down Second Avenue
Foreword by NGŨGĨ WA THIONG'O

● **插画师：艾瑞克·怀特**

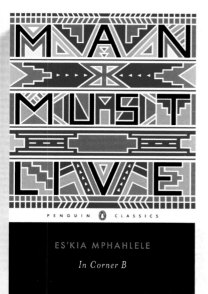

《隧道》 – 一开始我想的是油漆从一块割裂的帆布里流出来。我在帆布上扎洞，往上面洒油漆，把油漆拍下来——大费周章，照片却死气沉沉的。就在要开封面会议的几分钟前，我把油漆照片和一张女性的脸放在一起，豁然开朗。

《殉难者》 – 为了做这个封面我熬了个通宵。阿尔文·勒斯蒂格的作品和罗伯特·卡帕的照片——铺在我桌子上，然后这幅插画就出来了。

《角落B》 – 在读《人类永存》这一短篇时，我脑袋里就浮现了这张图。接着我不得不经历重现它的痛苦过程。

《第二大道》 – **《角落B》**的姊妹篇。

Classic Crime

经典犯罪 系列 作画：贾雅 · 米塞利

《煤气灯下的犯罪》《非洲百万富翁》《罪案中的维多利亚时代女性》

艺术总监：简 · 王，艾尔莎 · 乔 **创意总监：**保罗 · 巴克利 **编辑：**艾尔达 · 鲁特

● **编辑：迈克 · 西姆斯**

《煤气灯下的犯罪》－我为这个选集推荐了一幅描绘煤气灯时代伦敦的画，有吸引力但没什么创意。很庆幸设计师没用那张图。这个封面是完美的。这是一本选集，收录了有关聪明窃贼的狡猾故事——不是杀人犯，不是侦探，只有窃贼，包括伪造艺术品的和入室抢劫的——所以一张带有心机的扒手图是最好的选择。

保罗·巴克利设计了我的**《亚当的肚脐》**精装封面，贾雅·米塞利给我的**《阿波罗之火》**设计了封面，两本书都由维京出版社出版。我喜欢这些书背后的交集。

《罪案中的维多利亚时代女性》－我爱这个封面，一方面因为自行车代表了那个时代中女性新获得的自由，也因为自行车是书中一个故事的重头戏。当时新女性*出格的种种行为令许多人咋舌。封面的画风和文风很搭。你看不出骑车的女子是英雄还是坏蛋。

* 新女性（the New Woman）尤指19世纪末积极反抗传统势力和追求自由及男女平等的女子。

● **插画师：贾雅 · 米塞利**

《煤气灯下的犯罪》－简·王给我的一个插画任务。偷掉企鹅标识的想法是保罗·巴克利提出来的，他让我简单地画一张一只手在偷小企鹅的图。保罗的想法太赞了，简也大方地把这个项目给了我。当时我在一家公司做全职的设计师，赶截止时间、赶项目累得不行，这幅画一拖再拖。简执着地催稿，最后在一个周四早上我迷迷糊糊记起来，那天要开企鹅的例会，在去上班的列车上，我的手晃晃悠悠、着急地要在到站前画完这只戴手套的手 。

Black SPINES

黑色书脊 作画：布里安娜·哈登

《骗子王子》《关键投球》《北弗莱德里克十号》

创意总监：保罗·巴克利　　编辑：约翰·西奇里亚诺、亨利·弗里兰

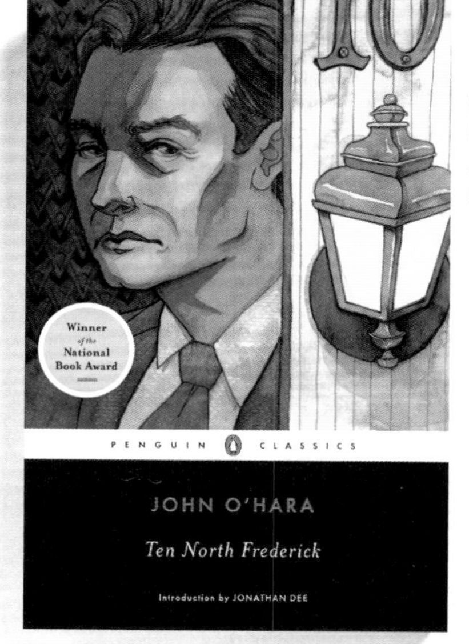

● **插画师：布里安娜·哈登**

《骗子王子》– 有人说艺术家倾向把自己画入正在创作的人物中。我的偏好有些不同：画男人的时候，我会不知不觉把约会对象画进去。很久以前我就把社交网络上的相册清空了，秀恩爱的自拍以及和前任的回忆，但这幅画被永久地印在成千上万册书上。所以我卓有成效地给自己下了咒，这个留八字胡（还驼背）的前任永远都会跟着我。你问我是不是可能在下意识中认为他像这部经典的骗子主角一样装腔作势/四处偷盗。是的，好吧，也许！

《关键投球》– 我从小就是洛杉矶道奇队的忠实粉丝，但为了画上世纪之交棒球名人堂的这位投手，我放下了家乡队和纽约巨人队的恩怨。主要的灵感来自那个时代的棒球卡，我借鉴了卡片饱和的色度。这么做似乎是对的：我的一个朋友买了这本书，在我没说之前还以为封面是一张古早的收藏卡。

《北弗莱德里克十号》– 我的封面一般不会用一张人物近景，因为我觉得会让读者对肖像过度解读。但这部小说是有关被人摧毁的社会，主角的自大在如此近的焦距下，表现出来的阴沉恰到好处。

Adventures of Huckleberry Finn 哈克贝里·芬历险记 马克·吐温

插画师：爱德华·金塞拉三世　**艺术总监：**布里安娜·哈登　**创意总监：**保罗·巴克利　**编辑：**艾尔达·鲁特

● **作家、前言作者：阿扎尔·纳菲西**

和所有伟大的封面一样，这一幅所表现的和背后传达的都引人入胜。图像独立于小说印刻在你的脑海中，占据你心头一角，之所以如此，是因为它抓住了马克·吐温的精髓。画面有启发性，有它自己的层次和谜题：画中的俩人亲密无间，只属于他们俩——非洲裔美国男子和被宽檐帽阻隔了视线的脸。他们背对我们，我们的世界背对他们。他们在看什么呢？两边夜色般的树木掩映的金黄色河流吗？不是在看我们，而是在看“未知的领域”。亲密是他们的，而谜题则是我们的！

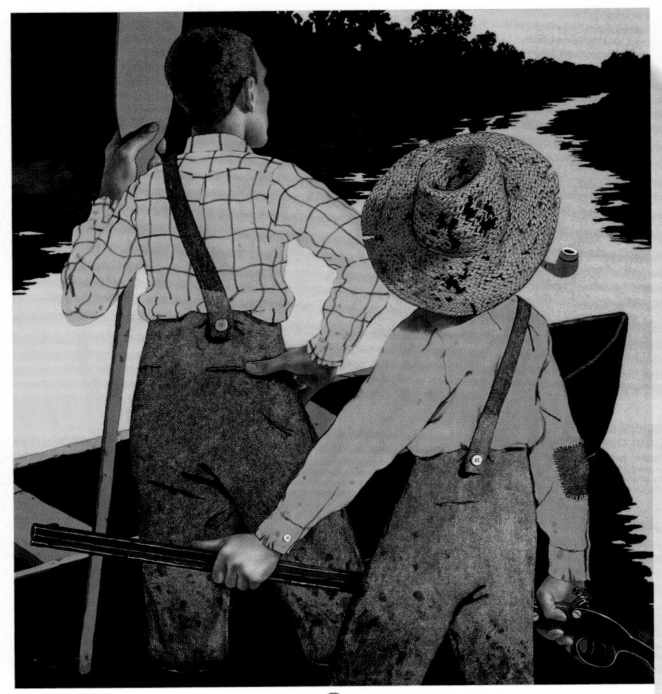

● **插画师：爱德华·金塞拉三世**

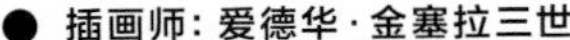

有时候我交出了出色的线稿，但却不是客户想要的，而客户要求的最后成为了最佳选择，这幅插画便是其中一例。

直到如今，这幅画仍旧是我最出色的作品之一。**《哈克贝里·芬历险记》**自我童年开始便意义非凡，我知道我一定要把它画好。马克·吐温的文字尤其是在这部小说里的确能引起共鸣。我同哈克贝里和吉姆一起在木筏上，逃离现实，同他们顺流而下。

我很少会完全沉浸在绘画的主题中，但在做这本书时我完全投入了。我想让读者和哈克贝里以及吉姆一起漂流……向着自由的方向。我希望我传达了那层意思。

这幅封面插画后来在纽约赢得了插画师协会金奖。我从没想到能获得这一殊荣，因这部小说的封面而得奖让我格外激动，我觉得这是我插画生涯中前进的一大步。

The Adventures of Tom Sawyer 汤姆·索亚历险记 马克·吐温

插画师: 爱德华·金塞拉三世　**艺术总监:** 布里安娜·哈登　**创意总监:** 保罗·巴克利　**编辑:** 艾尔达·鲁特

● **插画师: 爱德华·金塞拉三世**

给经典作品画插画是高难度的，但在得知马克·吐温的故乡位于密苏里州汉尼拔市，离我家以北仅一小时的路程后，我暗自松了一口气。我也是密苏里州人，与江河、溪流和洞穴为伴，从一开始就对设计素材颇有把握。

我去了汉尼拔市，拍了大量照片，还去参观了马克·吐温小时候常去玩的洞穴。我对封面要画什么有许多想法，但去了汉尼拔之后，明确了以洞穴为主题。

参考照片给了我极大的帮助。如果没有它们，我根本不会想到去画岩石间深邃的纹路，正是这些细节让封面出彩。

• 洞穴照，爱德华·金塞拉三世

• 插画师协会金奖奖牌，马特·维 摄

● 《哈克贝里·芬历险记》细节图，爱德华·金塞拉三世

● 插画师：爱德华·金塞拉三世

在尝试了几种媒介都失败后，我终于想到了这样的处理手法。我先用铅笔画出脸部和手部区域，接着刷上一层水彩制造明暗相称的效果，一幅画得以成形。我一开始用的是丙烯酸涂料，涂水彩时铅笔画会被洗掉，让我十分挫败。颜色是水粉和水彩。深色区域用的是防水的混合墨水，浑浊的浅色部分用的也是水粉。画纸是石纹纸（Stonehenge）。

世纪之交的海报艺术是我最大的灵感来源。我从小就喜欢世纪之交时海报平涂与透视的结合以及极简的调色。平涂与透视、亮色与灰色、克制与放松的杂糅，都是我想在作品里表现的。我觉得这两幅插画达到了我所力求的平衡。

• 《汤姆·索亚历险记》细节图，爱德华·金塞拉三世

Jorge Amado

若热 · 亚马多 系列 作画：克丽斯滕 · 哈夫

《金卡斯的两次死亡》《无边的土地》《土耳其人的美洲大发现》

创意总监：保罗 · 巴克利　**编辑：**约翰 · 西奇里亚诺

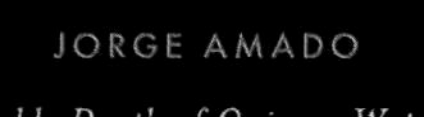

● **插画师：克丽斯滕 · 哈夫**

《金卡斯的两次死亡》－我一直都在研究拼贴艺术画，这次真的想做出些与众不同、独一无二的东西来。我把书中的几个意象拼到一起，保罗似乎觉得不错。编辑最后选定了封面上的两口棺材。这是个很好的选择——既生动又有视觉冲击力——但我还是想用大头画的那张。不过编辑选的封面给该系列的其他作品提供了参考模板，这对我来说也是件好事。

《无边的土地》－这一封面借鉴了前一本书的模板。当时我正在做另一张封面图，搞得我快要抓狂——我把上百万张图往模板里套，想做出一幅强有力的作品。事后看来，这幅画和其他的系列封面有些连不上——我也完全忘了之前做过一张月亮图。月亮图其实挺酷的！但到底为什么没选中它，我永远也不会知道了。我只知道它现在是“被毙掉”的画稿堆中的一张。

《土耳其人的美洲大发现》－这是我唯一一幅乳房成功上镜的封面。以上。

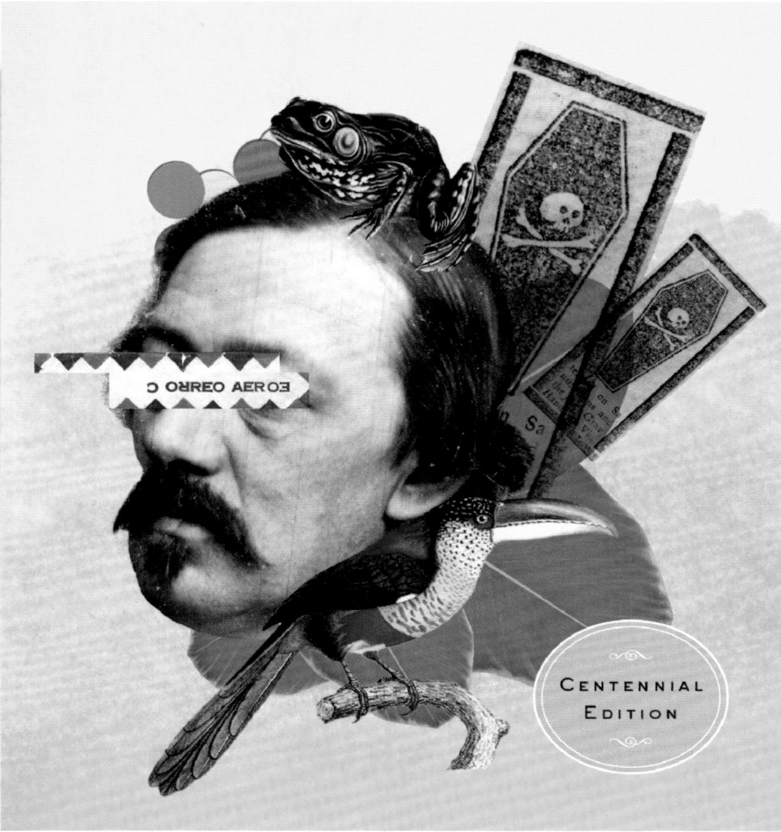

PENGUIN CLASSICS

JORGE AMADO

The Double Death of Quincas Water-Bray

Introduction by RIVKA GALCHEN
Translated by GREGORY RABASSA

PENGUIN CLASSICS

JORGE AMADO

The Discovery of America by the Turks

Foreword by JOSE SARAMAGO
Translated by GREGORY RABASSA

PENGUIN CLASSICS

JORGE AMADO

The Violent Land

• 木偶细节，克里斯·马尔斯

Songs of a Dead Dreamer and Grimscribe

忘梦人之歌与格里姆斯科怀博　托马斯 · 利戈蒂

插画师：克里斯 · 马尔斯　**艺术总监：**柯林 · 韦伯　**创意总监：**保罗 · 巴克利　**编辑：**艾尔达 · 鲁特

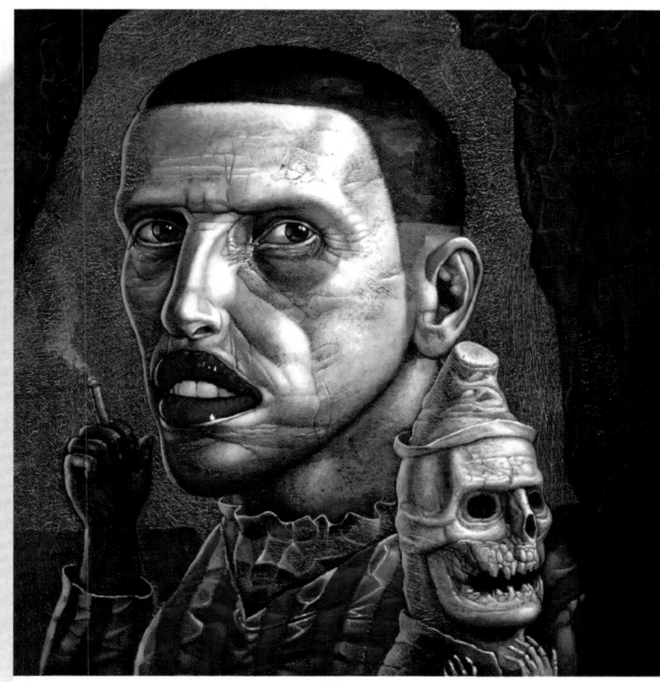

● **插画师：克里斯 · 马尔斯**

我哥哥乔患有精神分裂症。这个坏毛病并没有让他变得冷漠，他也没有因此被贴上精神病的标签。相反，他善良、贴心，大方又聪明。

标签是对人性的否定，无论贴标签的人是个人、组织、政党或是国家。我很小的时候就知道，哥哥的病最煎熬的不是精神分裂症的症状，而是人们对它的认知，以及否定、偏见和没有意义的恐惧带来的后果。

• 清醒梦，克里斯 · 马尔斯

我看过几部老惊悚片，都是为怪物欢呼抑或对他们寄予希望，希望有理解与和平。

托马斯 · 利戈蒂知道最可怕的是没有希望。很荣幸我能为他的作品作画，踏进他的世界是奇妙的，逃离他的世界也不错。

The Portable Malcolm X Reader 马尔科姆·X便携读本

采用的封面(左) 未采用的封面(中,右)

创意总监: 保罗·巴克利 **编辑:** 布里特妮·罗斯

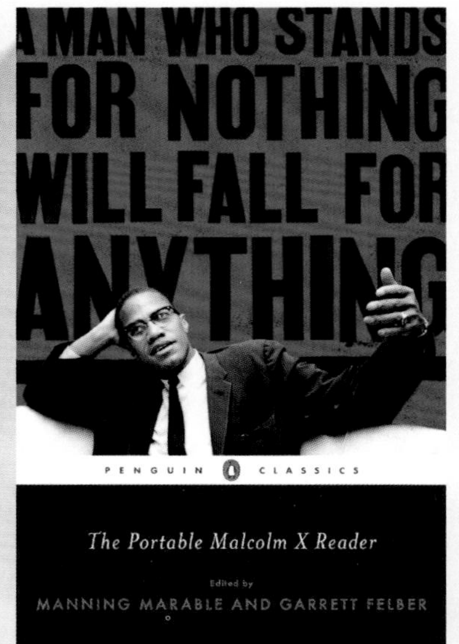

● **插画师:克丽斯滕·哈夫**

对大多数人来说,马尔科姆·X这个名字意味着勇气和人权斗争,但当我听到这名字时,脑袋一片空白。太大的勇敢与智慧——怎么才能把它凝练到一张封面中呢?“马尔科姆……X……马尔科姆……X……有了!在他脸上放个大大的X……不行……太傻了……有了!把他的脸放进一个X……不对……不行!”深深鄙视自己的我上网找遍资料,寻求灵感。我找到了几张很棒的图片、启迪性的引语、不知道从哪来的贾雅·米塞利的封面图,然后——封面诞生了。

Twelve Years a Slave

为奴十二年　所罗门·诺瑟普

采用的封面（左）　未采用的封面（中，右）

创意总监：保罗·巴克利　　**编辑：**约翰·西奇里亚诺

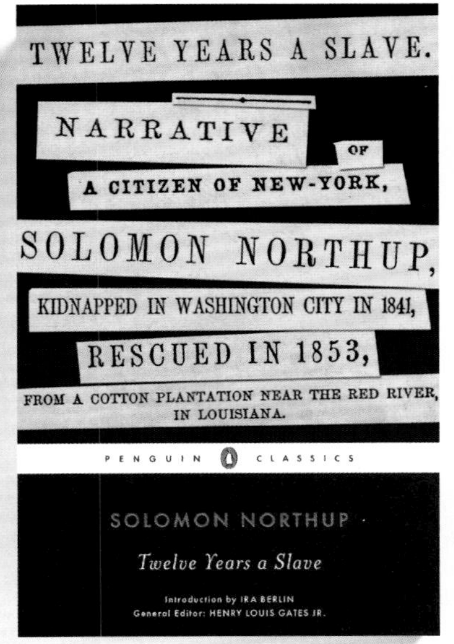

● **插画师：克丽斯滕·哈夫**

我不知道为什么轻轻松松就做出了封面，但这个的确没花多少功夫。接到这个项目后我就一直在研究木刻版画，我做了几个不同的设计，用刻好的橡皮和印泥做了锁链和斑驳刻痕的效果。我想象所罗门·诺瑟普被监禁了，他用粗糙的工具记录度过的每一天。我又上网找了找，发现了某处收录的初版作品。封面字体太漂亮了，我忍不住把它用到了自己的设计里，于是就有了这个封面。接着，他们要了这个封面，再替换上布拉德·皮特主演的《**为奴十二年**》电影海报。现在我觉得，这个封面让我比其他人更加接近皮特了。

Jason and the Argonauts 阿尔戈船英雄记 罗得岛的阿波罗尼奥斯

插画师：安吉·王　**艺术总监：**约翰－帕特里克·托马斯　**创意总监：**保罗·巴克利　**编辑：**艾尔达·鲁特

• 草图，安吉·王

● **插画师：安吉·王**

我大学学了四年古希腊语，把许多柏修斯数字图书馆上的资料从古希腊语翻译成英语，就为了搞清楚我要画的插图里可怕的毒蛇和船队到底发生了什么。究竟是毒蛇还是某种龙？它有腿吗？他们站在哪里？我学的那门早就死掉的语言终于管用了。我可以读懂许多关于这一幕的注解和学者批注，这是其他插画师做不到的。

说实话，对方要求我做出漆黑、高光的琉璃画效果，我有点不愿意。但照着要求做出来的成果十分讨喜。尖锐的色调让封面出挑；我被要求把封面做得更现代活泼，好让它看起来适当地背离原先传统的红色封面。

Shirley Jackson

雪莉·杰克逊 系列　作画：布里安娜·哈登

《随我来》《穿墙而过》《上吊的人》

创意总监：保罗·巴克利　**编辑：**艾尔达·鲁特

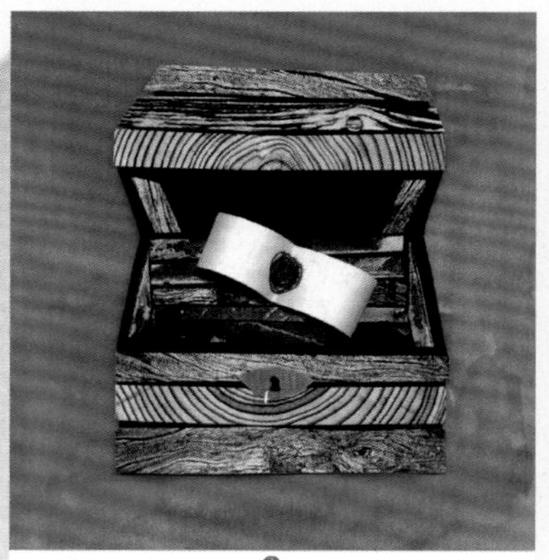

● **插画师：布里安娜·哈登**

刚开始做封面设计师的时候，我有幸得到了前辈同事的指导。他看到我吭哧吭哧地在电脑上做静电复印的效果，耐心地把我带到破破烂烂的黑白复印机边上，问机器几秒就能做好的事为什么要辛苦自己呢？把艺术图片或字体打印出来，再多复印几次，我立马就得到了具有颗粒感的、古旧风的成品，根本不用花好几个钟头在PS上做。

我欢快地把这个技巧运用到所有可能的地方，雪莉·杰克逊诡异的本土惊悚小说与之十分契合。几个封面上的元素是拼贴来的：复印几张木纹的图片，再剪贴成匣子或书桌的样子；用X-acto美工刀裁划砖墙的图片，再一张张手工排列。整个过程像在拼图，感觉是二维的雕刻一样。

为该系列设计封面的过程中，我搜集了许多木板、面料、树枝、砖墙和人体的照片，再将它们拼贴在一起，其乐无穷。比如**《上吊的人》**封面中年轻女性的脖子可能、也可能不是来自伊丽莎白·泰勒的照片。

Black SPINES

黑色书脊 作画：尼克·米萨尼

《空间的诗学》《爱默生便携读本》《论语》

创意总监： 保罗·巴克利 **编辑：** 艾尔达·鲁特、约翰·西奇里亚诺

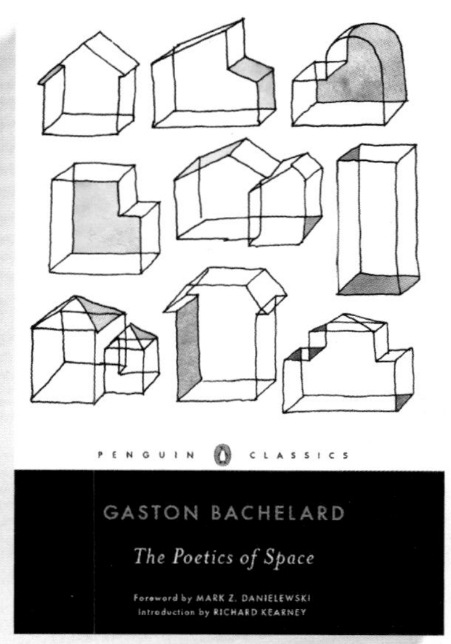

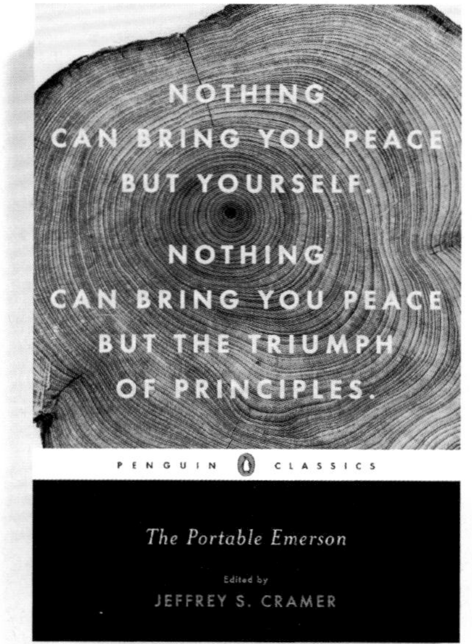

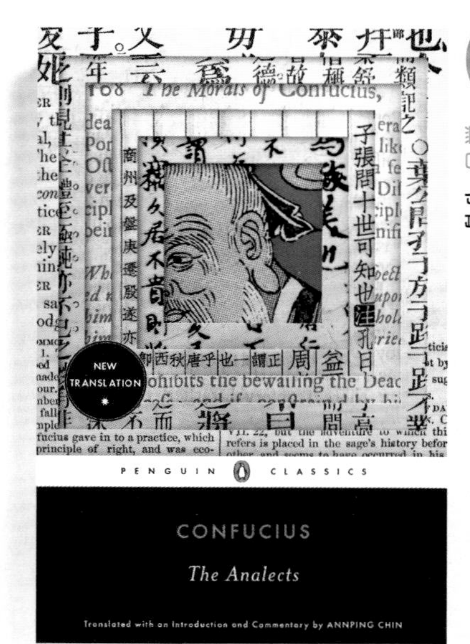

● **插画师：尼克·米萨尼**

《空间的诗学》– 这样一本内行深奥的书，主题和语言一样抽象又诗意，我选择了简单、隐喻的手法。渐变色汇集在不真实的、小而舒适的手绘房屋中。这些想象出来的居室超越了有形的建筑，每一间都融合了不同的联想、情绪、回忆和色彩。物理上和精神上的空间将房屋从材料的几何布置转化为人们居住、呼吸的环境。

《爱默生便携读本》– 直截了当的树干横截面配以简洁有力的文字，很好地传达了爱默生作品中体现的与自然的沟通、自强自立和美国的独立。实际上，这本书拖了很久，而且拖到最后也没找到大家都喜欢的一张图的版权。我一找到这张备选图就冲到楼上给编辑团队看。在艾尔达的保驾护航下，我到了我们的总裁、出版人凯瑟琳·科特的办公室，我知道她讨厌米色。她一直都和蔼可亲，但同时也让人胆战心惊。在犹豫了一下、咕哝一句“太米色了”之后，她同意了这个封面。

《论语》– 原文感觉有些雾蒙蒙的，有时甚至完全读不懂，但详细的评注将每一句话都解释清楚、说明了来龙去脉，让我们能更进一步理解孔子的原意。一开始封面上的拼贴画仅仅是把孔子放在中间，周围围上一圈文本的各种翻译和书写。然后，和学者、译者金安平讨论后，我们决定从耶鲁档案馆里挑选重要的版本文字，按照时间先后排序。

On Being Different

论不同　梅尔·米勒

未采用的封面（左）　采用的封面（右）

插画师：克丽斯滕·哈夫　**创意总监：**保罗·巴克利　**编辑：**艾尔达·鲁特

● **插画师：克丽斯滕·哈夫**

做经典系列最大的困难之一在于这些书都是人类伟大的成就。它们中的大多数包涵政治意味浓厚或惊天动地的想法，在当时评价两极。这些书就像铁砧一样悬在我头上，不知什么时候会掉下来。“一定要设计得漂亮，要配得上这本书！”一直将在我脑中盘旋。这本书交给我来做时，保罗·巴克利把稿子啪地往我桌上一放，上面写了类似“哈夫，千万别搞砸”这样的话。惊慌又烦躁的我毫无灵感。我想到了几个“特别”的点子，一个是简单的纯粉色封面。保罗看了看。“我挺喜欢的，”他说，“但缺了点什么。……不如……加一个小小小小的彩虹标志，放在正中间？”

我试了下。编辑因为某些原因不同意。她还否决了我剩下的几张设计——金色亮片下的作者头像……牛仔背心上的粉红色三角形……一排排晾晒的白T里出现了一件粉色的……还有一个可能是最可怕的：美国士兵在硫黄岛竖起彩虹旗。好几天我都在纠结到底要怎么表现作者开创历史的先锋性作品，最后终于找到了突破点：简简单单的彩虹图案。出版社很喜欢。

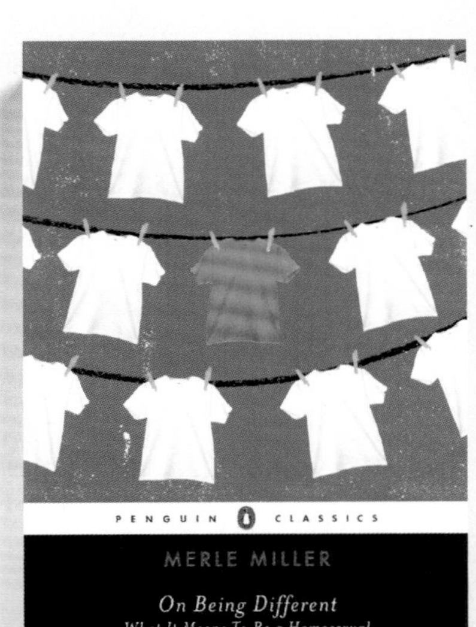

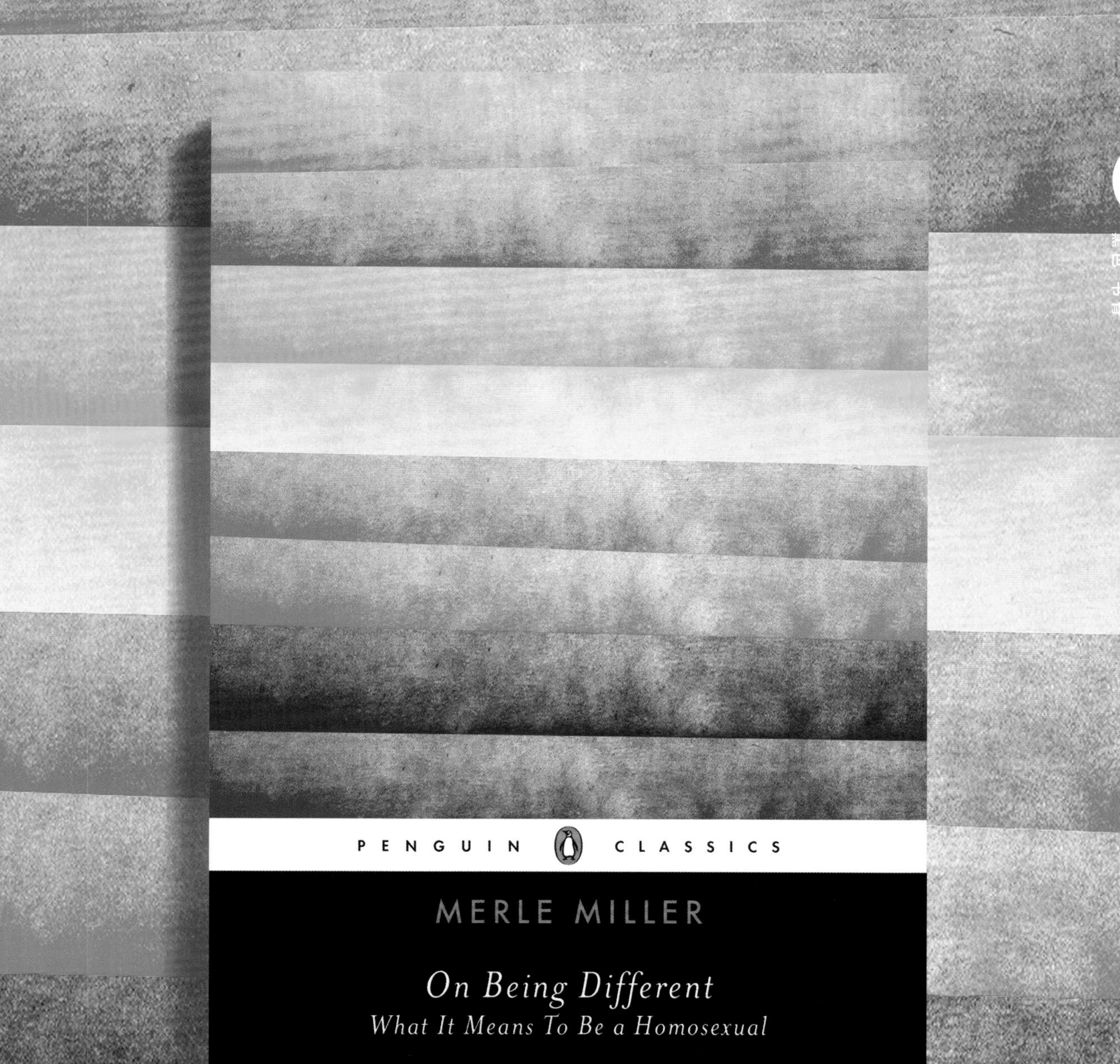
PENGUIN CLASSICS
MERLE MILLER
On Being Different
What It Means To Be a Homosexual
Foreword by DAN SAVAGE
Afterword by CHARLES KAISER

Around the World in Seventy-Two Days and Other Writings

72天环游世界及其他作品集　娜丽·布莱

插画师：约翰–帕特里克·托马斯　**创意总监：**保罗·巴克利　**编辑：**亨利·弗里兰

● 记者、前言作者：莫琳·科里根

她整装待发，而在她这个年纪的女性大多数都安定下来——坐在画室里、病床边或血汗工厂的缝纫机后。背后是广阔的世界，娜丽·布莱自信地向外张望。也许她正在展望未来，未来的一代代女孩在她的启迪下心怀事业，比如做一个奋斗的记者——她们的历程也同样登上头条、为正义发声。

● 插画师：约翰–帕特里克·托马斯

你的第一百份设计草图进入回收站，你的劳动被编辑部第十次返还，然后你有一种似曾相识的感觉，感到双眼又要因为盯太久屏幕而流血，这时接到经典系列的封面设计绝对让我原地复活。在读完原稿、查了娜丽·布莱的资料后，我意识到她可不好惹，得好好给她做。布莱在19世纪晚期开始了她的职业生涯，只身一人揭露了治疗"疯子"的令人发指的疗法，在法国同儒勒·凡尔纳共进晚餐，去中国走访了一个麻风病村。她在第二次破纪录的单人环球之旅时在新加坡买了一只宠物猴，这次旅行她大约在72天中跨越了两万五千英里。为了避免这位无畏的记者、发明家和争取妇女选举权的女性来吓唬我，我立刻就开始作这幅肖像画，紧贴着她的是上世纪之交的新闻报道和环球旅行。这幅封面也是没费什么苦功就做出来了。大家似乎都挺认同一开始的几幅草稿，之后也没做什么修改。

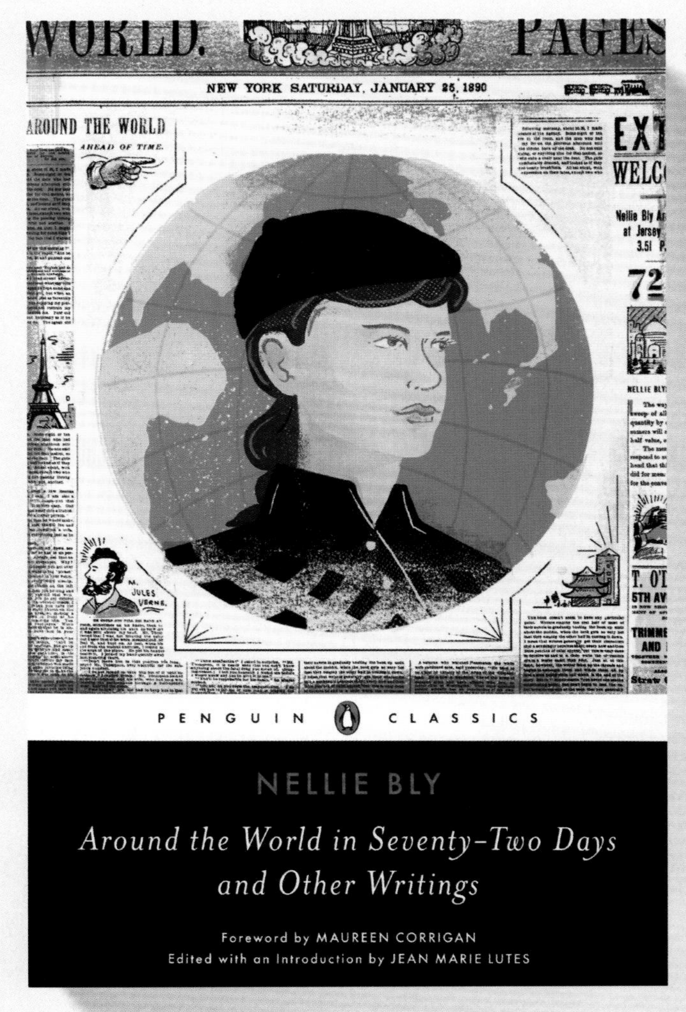

The Story of Hong Gildong

洪吉童

插画师：萨辛·邓　**艺术总监：**马特·维　**创意总监：**保罗·巴克利　**编辑：**山姆·拉伊姆

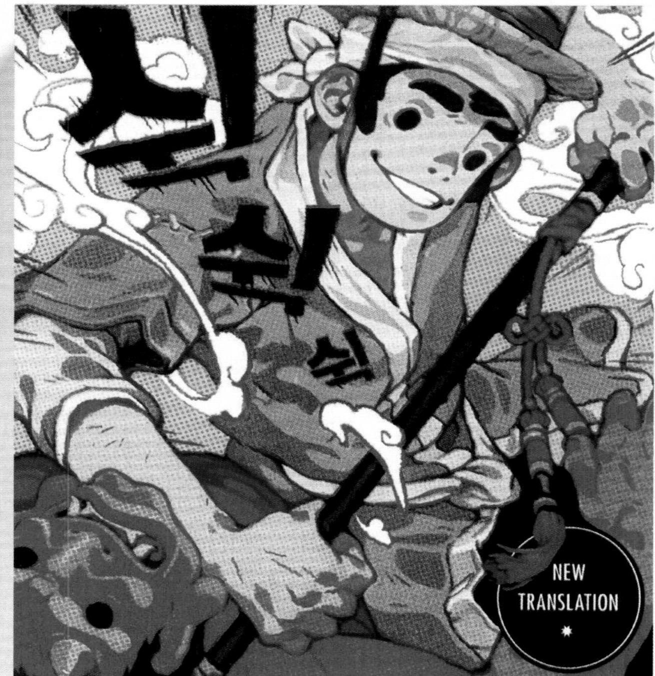

• 草图，萨辛·邓

● **编辑：姜民秀**

萨辛·邓设计的**《洪吉童》**封面的亮点在于他没有把作品当作韩国的文学经典来做，而是抓住了故事的精髓，即一个超凡英雄激动人心、动作感满满的历险故事。虽然所有现代的韩国人都知道大致情节，但很少有读完整本原著，他们小时候看的大多是相关的动画和故事书。邓在作品中展示了主人公标志性的形象元素，包括他的蓝衬衫和草帽，但赋予了设计师完全原创的解读，风格自成一体。

● **插画师：萨辛·邓**

原本草帽是偏向一边的，因为我想让它在空中飞。但当我上完色后，他们告诉我这样人们不能一眼就认出他是洪吉童，让我把草帽放回头上。他们是对的。但我还是对着已经上色完成的原图纠结，不知道要怎么把帽子不着痕迹地挪回头顶，而且画面上不能有像《兔八哥》里帽子形状的黑洞。

Black SPINES

黑色书脊 作画：马特 · 维

《常识：美国危机I》《红字》

创意总监：保罗 · 巴克利　**编辑：**艾尔达 · 鲁特

● **插画师：马特 · 维**

《常识：美国危机I》– 你看到的最终版封面虽然一直在我的考虑范围内，但在我创作时被其他尝试掩盖了：染血的星星，“要么联合，要么死亡”，象棋的隐喻，现钞。大家敲定最终版本的时候，我觉得自己给了我们的出版人致命一击，因为她表示不认同我们的想法。整个屋子的人都笑了，她的英国口音有些格格不入。我们能领会封面中的讽刺，而她最后也接受了集体的意见。

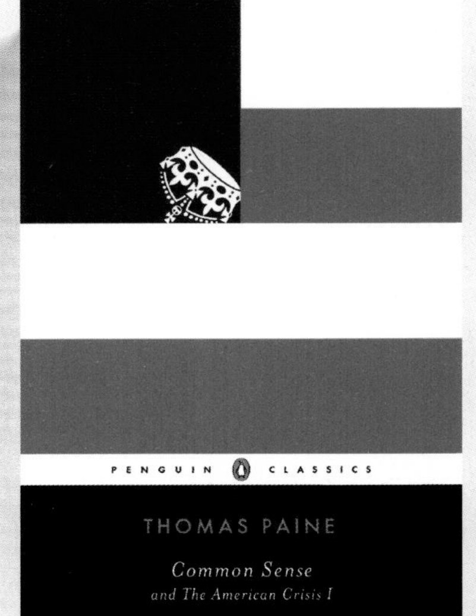

采用的封面 •

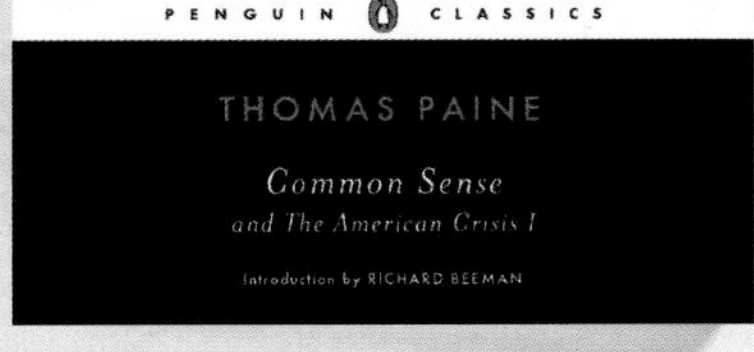

《红字》– 黑脊系列通常是设计师喜闻乐见的项目，因为不需要像一个季度里的其他书一样来来回回苦求封面通过。你只需要从现代的角度重新想象经典——没有出版社风格、字体以及总体上的硬性要求……除非这本书叫**《红字》**。它规定了特定元音字母的特定颜色。

最终版的封面乍看之下很古怪。但艾尔达和出版社很喜欢，因为他们在标题的红色字母Aa里看到了海斯特（*Hester*）和珠儿（*Pearl*）的名字。这和我们上周电话里讲的很不一样。开会前我们还在调整细节。我给保罗做了眼睛的一版，他（嬉皮笑脸地）说他今年要靠这封面拿最佳艺术监制奖了。结果，这两个封面之后都被否决了。典型的企鹅作风。

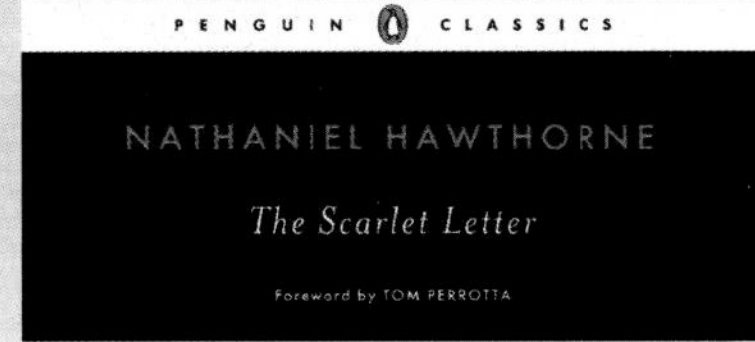

NATHANIEL HAWTHORNE

The Scarlet Letter

Foreword by TOM PERROTTA

PENGUIN CLASSICS

SIEGFRIED SASSOON

西格弗里德·萨松

Memoirs of a Fox-Hunting Man

The Memoirs of George Sherston

一个猎狐人的回忆

乔治·舍斯顿回忆录

艺术总监：布里安娜·哈登

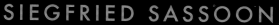

插画师：马特·伍德

M

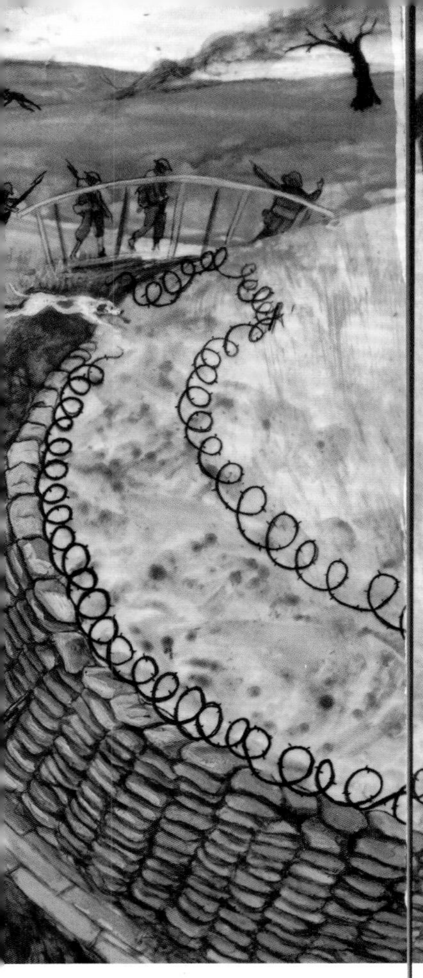

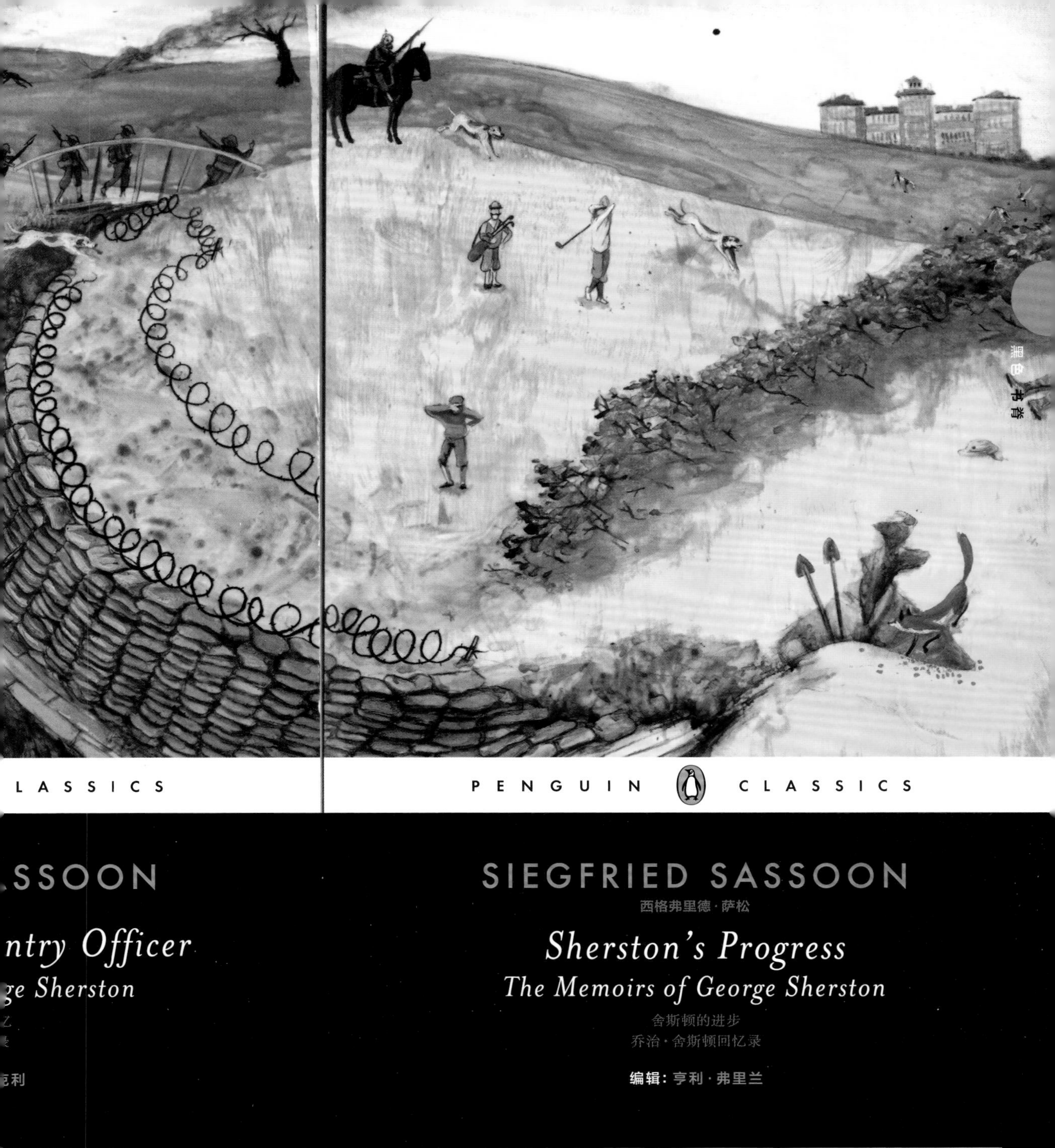

黑色书脊
LASSICS
SSOON
ntry Officer
ge Sherston
PENGUIN CLASSICS
SIEGFRIED SASSOON
西格弗里德·萨松
Sherston's Progress
The Memoirs of George Sherston
舍斯顿的进步
乔治·舍斯顿回忆录
编辑：亨利·弗里兰

随着冷静。为了传达这种冷静的混乱，我们将一整幅图像分割成三联画，用于封面，从战前一个猎狐人怀旧的……义，我们希望读者能够通过封面顺畅自然地看到并领会这三个阶段

The Power and the Glory 权利与荣耀 格雷厄姆·格林

设计师：保罗·巴克利 **编辑：**约翰·西奇里亚诺

● 设计师：保罗·巴克利

这是企鹅经典中很少见的一个系列的第二本书，我楼上的同事给这个系列起了个名字：黑领结。我不知道为什么会起这个绰号——也许因为看上去有点高级。做这两本书是帕特里克·诺兰和艾尔达·鲁特的想法，他们想试试这么做经典名著的特别版——这一本是该小说发表75周年特别版。这个系列的书除了"普通"黑色书脊的封面外，还有一个护封，用了模切工艺，好让人们看清楚下面还有一个封面。

我真的很喜欢这本书，小说发生的历史背景相当离奇。墨西哥历史上的"基督战争"时期，政府宣布天主教为非法，神父只有两种选择：要么抛弃信仰，要么被行刑队枪决。一些神父进行了反抗，他们不想背叛信仰也不想被迫害，于是走过一个又一个小镇，偷偷摸摸地布道。格雷厄姆·格林小说中主人公的名字从未出现过，作者只叫他"神父"或者"威士忌神父"，因为他嗜酒如命。他的敌人是"中尉"，在整本书中对主人公穷追不舍。

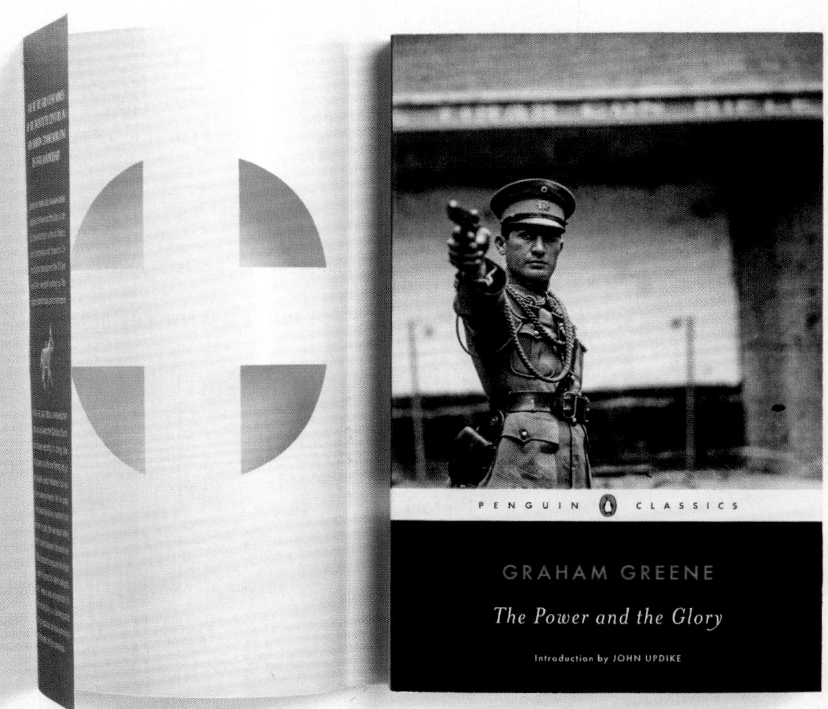

护封封面的灵感来源于一张草图，当时我在装帧会上知道了这本书的信息，草图也是那时候看到的：一种装饰性的墨西哥十字架，其原型是当地的铁艺十字架。通过模切，空荡荡的十字架的四个角落露出了护封下书的封面。这么做的效果就是能让人看到一个神父最不想看到的：一个持枪的男人。

• "神父"大致基于当时一位名叫米格尔·普罗的神父。画面上的他面朝行刑者，拒绝被蒙上眼睛，为士兵祝祷。照片提供：拱心石-法国/盖蒂图片社

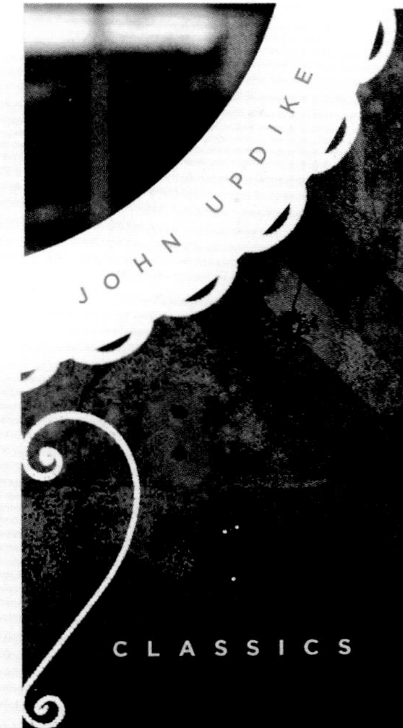

GRAHAM GREENE
SEVENTY-FIFTH ANNIVERSARY
THE POWER AND THE GLORY
Introduction by JOHN UPDIKE
PENGUIN CLASSICS

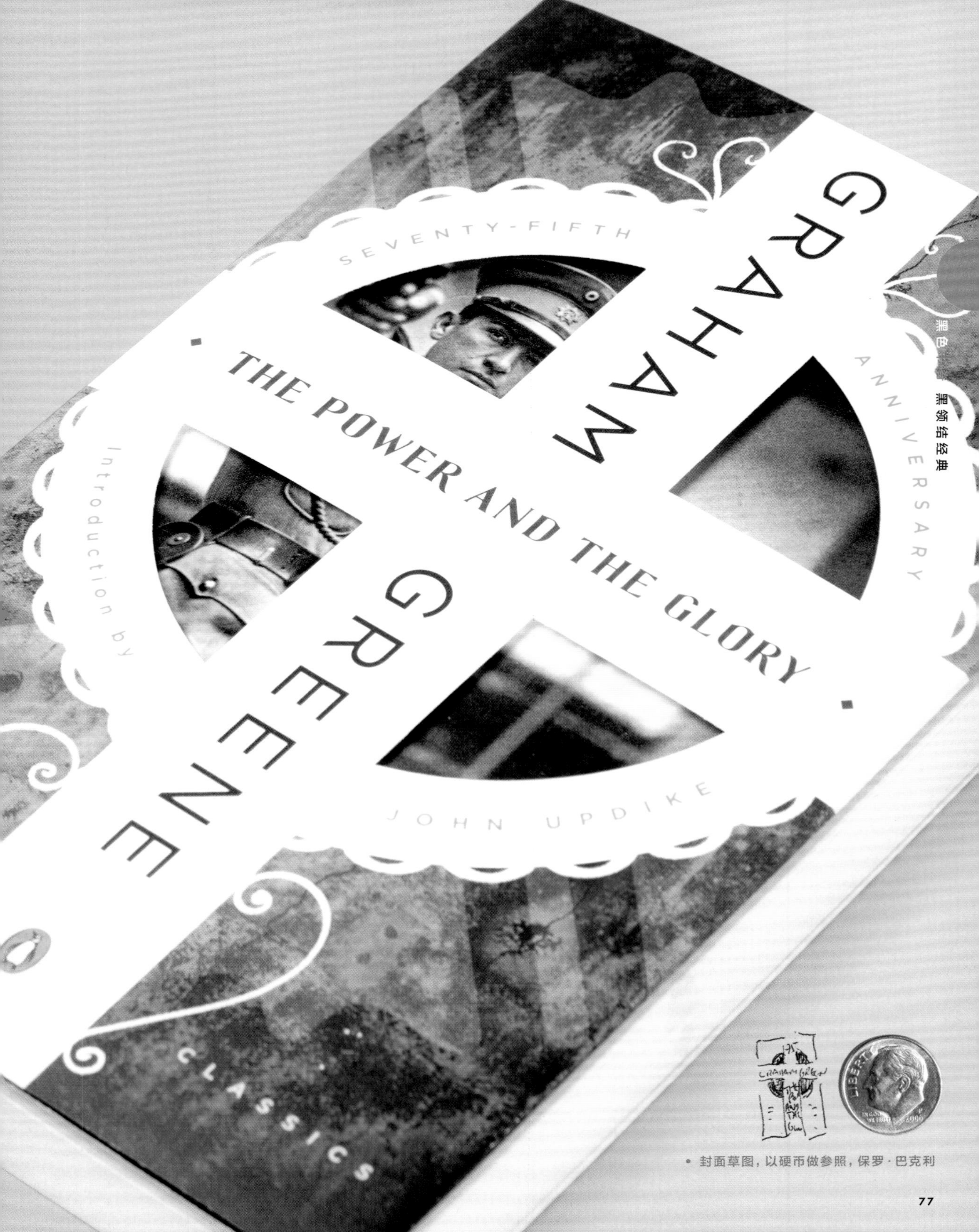

• 封面草图，以硬币做参照，保罗·巴克利

Deluxe

豪 华

CLASSICS
经典

РУКОПИСИ НЕ·ГОРЯТ
ЗА·МНОЙ, ЧИТАТЕЛЬ!
WWW.PENGUINCLASSICS.COM
ART DIRECTION:
PAUL BUCKLEY
COVER ART: C.C. ASKEW

MIKHAIL BULGAKOV · THE MASTER & MARGARITA
50 ANNIVERSARY
PENGUIN CLASSICS DELUXE EDITION
A Penguin Book
Literature
U.S. $17.00
CAN. $23.00
ISBN 978-0-14-310827-6
51700
EAN 9 780143 108276

A NEWLY REVISED TRANSLATION BY
RICHARD PEVEAR AND
LARISSA VOLOKHONSKY
FOREWORD BY
BORIS FISHMAN
THE MASTER & MARGARITA
MIKHAIL · BULGAKOV
50
ANNIVERSARY
PENGUIN CLASSICS
DELUXE EDITION
MIKHAIL BULGAKOV · THE MASTER & MARGARITA
50
ANNIVERSARY
PENGUIN
CLASSICS
DELUXE
EDITION

The Master & Margarita 大师与玛格丽特 米哈伊尔·布尔加科夫

插画：C.C. 艾斯丘　**艺术总监：**保罗·巴克利　**编辑：**约翰·西奇里亚诺

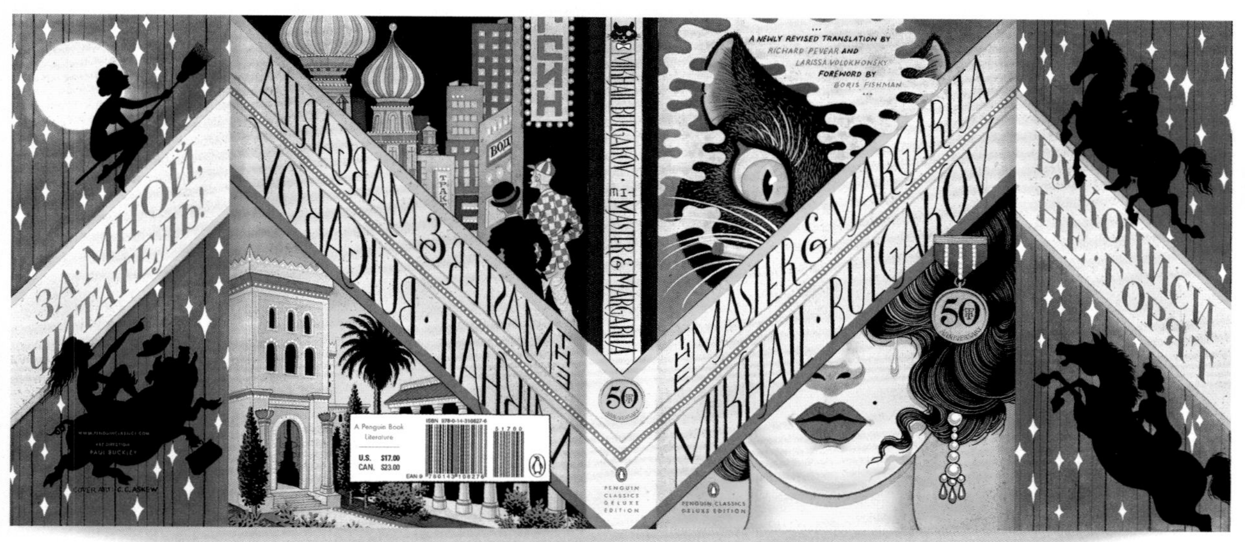

● **艺术总监：保罗·巴克利**

我在做企鹅刺青系列的时候认识了艾斯丘，他当时帮我作了《等待野蛮人》的插画。我实在太喜欢了，把画从他手里买了过来，从此以后迷上了C.C.艾斯丘的艺术作品。和许多文身艺术家一样，艾斯丘可以毫不费力地徒手画圆，字体和设计上的技术也是一流。封面的各个部分都是他手绘并分开邮寄给我的——前后勒口、书脊、封面、封底——随后经过扫描、调色拼接到一起。我已经很多年没收到过实体的设计件了，感觉像是1990年戈尔巴乔夫那会儿的改革一样。

● **插画师：C.C. 艾斯丘**

我非常喜欢《**大师与玛格丽特**》，从十五岁起反复地读，在这之前已经为这部作品做过几个封面，所以这次立刻就面临一个大问题：不仅要和以前的插画师比，还要和自己比。为了以新的方式呈现但同时又保留我的风格，我回顾分析了以前的作品，逼自己跳出舒适区。首先我扩展了惯用的几组颜色，又试着平衡标志性的几个元素，比如巨兽，还有圣城耶路撒冷等别人不太常用的意象。

我想让封面有一种完整性，把书作为一个整体而非分离的几块。每一个画面上都采用了字体排成的对角线，整本书包括勒口展开看就是一个大大的M。当然，这不是最好的处理手法，但我希望这样做能够出其不意地达到一种效果，而且毋需破坏书籍装帧的整体性。

Fear of Flying

怕飞　埃丽卡·容

插画师： 努马·巴尔　**设计师、创意总监：** 保罗·巴克利　**编辑：** 艾尔达·鲁特

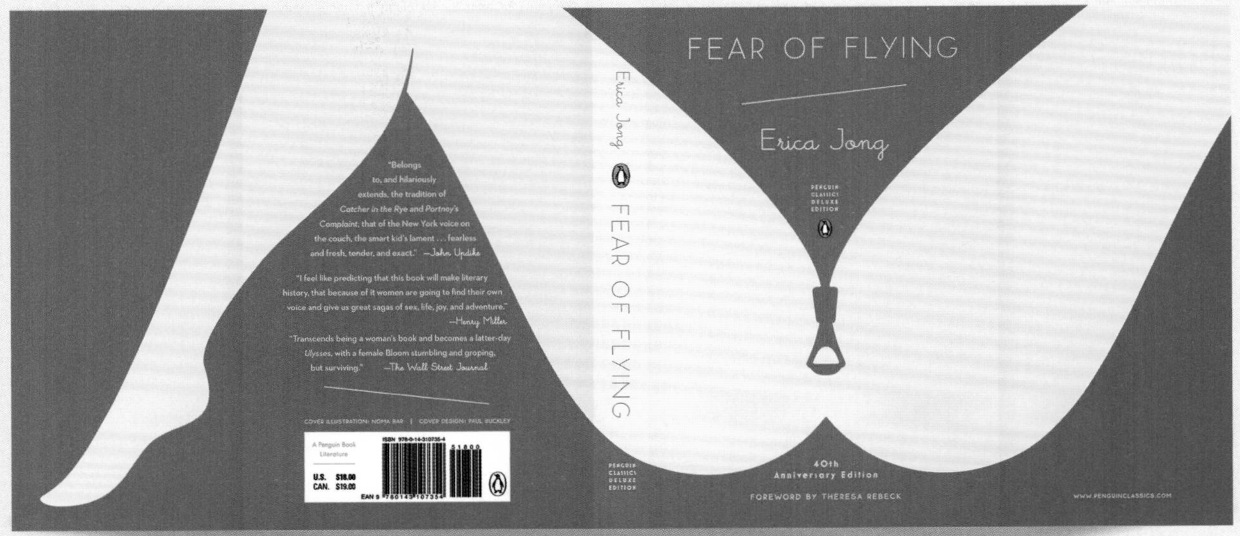

● **作者：埃丽卡·容**

看到企鹅经典豪华版的《**怕飞**》封面后，我特别惊喜。我喜欢红色和奶油色的搭配，让画面很有质感，性感但又不恶俗。这个封面还被评为2013年最佳之一，我非常激动。

《**怕飞**》自出版后，在过去四十四年中有过许多封面。大家都知道的是V形拉链里裸露的肚脐眼。还有一版是飞在空中的香蕉（幸亏那版寿命不长）。艳粉色的飞机也有许多版本。我的丹麦出版商在封面上用了自由女神像。

随着这本书渐渐成为经典，封面设计更谨慎了。虽然偶尔在面向大众市场的重版中再次看到肚脐和香蕉，但我们也看到那些封面更加艺术了。

写作时，我对《**怕飞**》的定位是“一个年轻女性的艺术家肖像”。我从没想过这本书会被看作是性感的。我描写伊莎多拉·温的性欲是想说明知识女性也会有性幻想。我们都由灵与肉组成。这有什么好大惊小怪的呢？

就我的女主人公来说，不论是伊莎多拉·温、范妮·哈克伯特-琼斯、莱拉、萨福还是凡妮莎·范德曼，重要的是她们都是完整的人。她们是母亲、情人、演员、诗人和画家，在许多方面都成功了——平衡孩子、图书、艺术作品、电影、舞台剧等各类工作。女性生活的所有范围都应该展示出来。

企鹅经典的《**怕飞**》封面暗示了精力充沛、有性需求的女性形象。在那精力背后是成熟的思想和需要释放的想象力。作为作者，我应该鼓励所有读者去争取心满意足的生活。一个女性的生活总是在变化。我们从孩童成长为有性冲动的青少年，而后变为母亲、祖母以及导师。变化让我们能适应新情况、给我们启迪，年岁渐长，我们的智慧也渐长。

FEAR OF FLYING

Erica Jong

PENGUIN CLASSICS DELUXE EDITION

40th Anniversary Edition

FOREWORD BY THERESA REBECK

Kama Sutra

爱经　婆蹉衍那

插画师：玛莉卡·法夫雷　**创意总监：**保罗·巴克利　**编辑：**艾尔达·鲁特

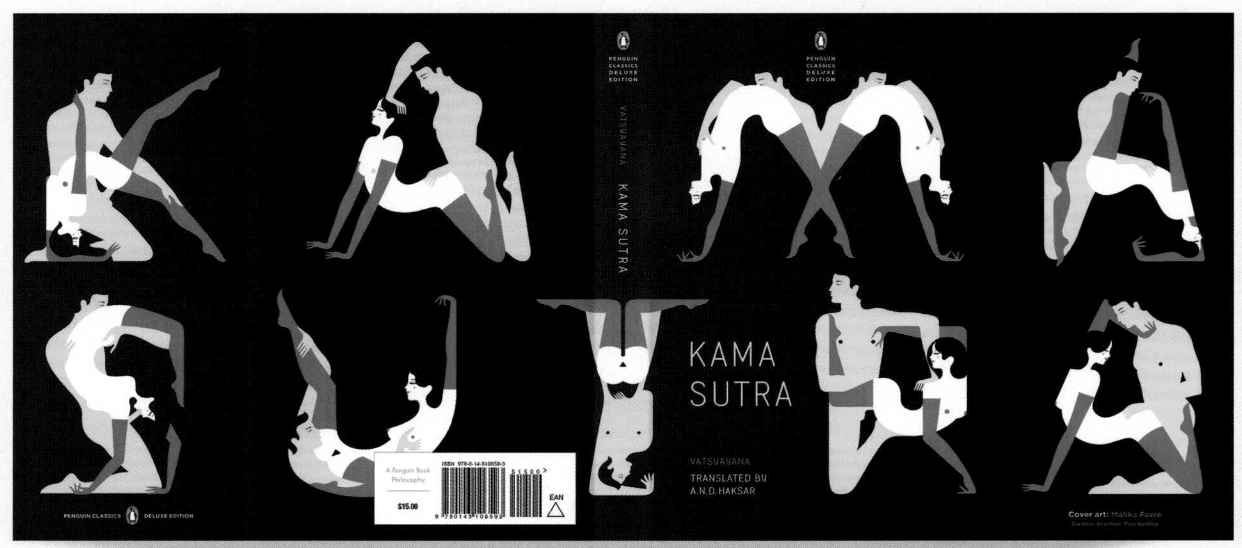

● 创意总监：保罗· 巴克利

《爱经》有两千多年历史，只要我们还是两只手、两条腿、那啥啥、那谁谁，我们的身体就能拗出那么多姿势。所以这本古代的指南还是能指导你做些什么的，而要用插画来体现一直以来都是艺术家的一大难题，怎么有品位、优雅、才华横溢地展现情色。美国人总体上是保守的——我正等着朝圣回归呢。因此我越洋去了玛莉卡的国度，原本的旧经典漂亮完美地摇身一变为新经典。

● 插画师：玛莉卡·法夫雷

能给《爱经》做封面是我梦寐以求的，而且写在简历上太亮眼了。我一开始真以为做起来不难，但要抓住这个理念真是让我头大，现在仍旧历历在目。我一遍又一遍把草图给保罗看，他的意见自始至终都是这一句，简短又到位：太保守了；而且很明显，我也是。这事攸关法国人的尊严，不知怎的我想到把直白的体位排成字母作为封面。这个想法受到欢迎，而且很顺利，直到最后通过。现在看来，一切都没有白费，我们一起创作的这个封面无法取代。

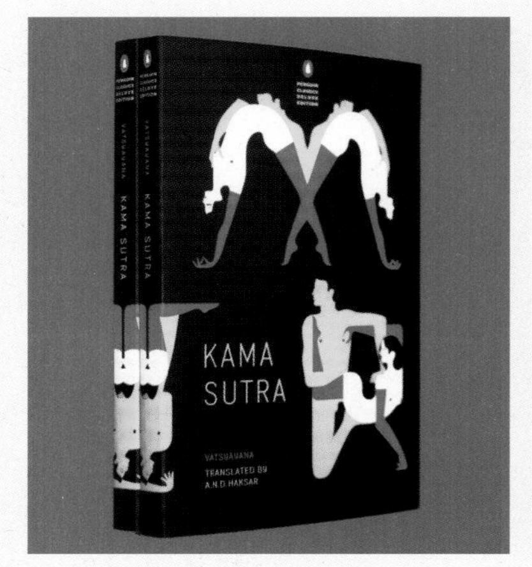

• 玛莉卡·法夫雷 摄

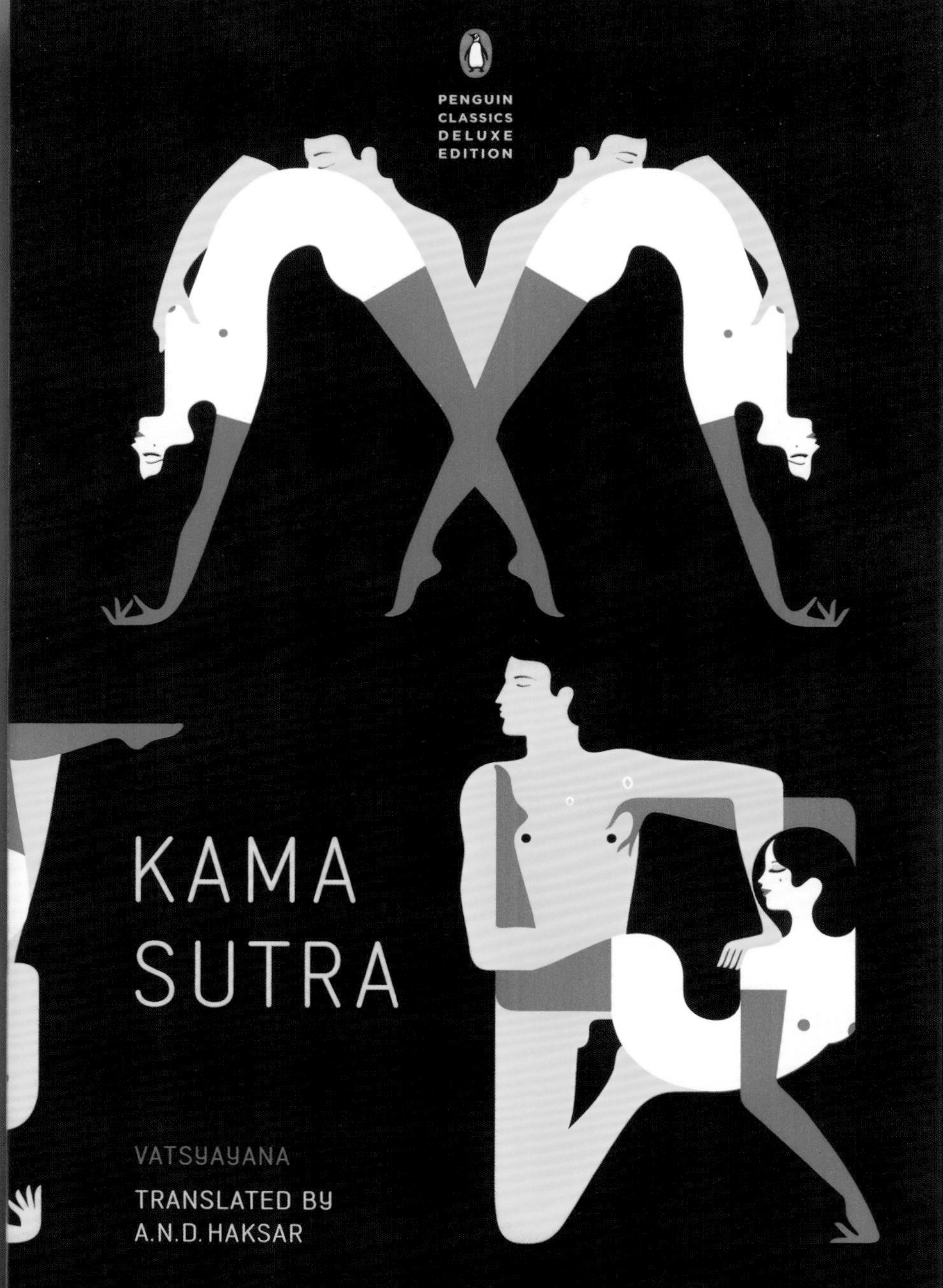
PENGUIN
CLASSICS
DELUXE
EDITION
KAMA
SUTRA
VATSYAYANA
TRANSLATED BY
A.N.D. HAKSAR

•《爱经》字母表，玛莉卡·法夫雷

The Liars' Club

骗子俱乐部 玛丽 · 卡尔

插画师：布莱恩 · 雷 **设计师、创意总监：**保罗 · 巴克利 **编辑：**艾尔达 · 鲁特

● 设计师、创意总监：保罗 · 巴克利

目前活跃的插画师中最成功的，布莱恩·雷算是一个。他看似简单的画作暗藏了一种无可挑剔的设计融合感，不论主题有多难都能做得引人注目。作品一贯地坦率直白，就像餐厅里的一个小孩子会天真无辜地大声问："妈妈，那个包厢里的男的为什么在哭？"玛丽·卡尔从她年轻时的角度回忆童年，和布莱恩的风格是绝配，惊艳的封面一个接一个，目不暇接。他非常投入，画了差不多一百张，最后我们缩小范围并进行排列，变成了你现在看到的。

● 插画师：布莱恩 · 雷

《骗子俱乐部》是我碰到过的最难的项目之一。读完书、做好笔记、查找大量的细节信息以及画了一页页概念图（真的，一页页的概念）后，为了在视觉上达到和原著叙述一样的深度，我真是抓破了头皮。书太棒了，真是经典，而且还是莉娜·邓纳姆写序——妈呀，希望我没坏事。

• 草图，布莱恩 · 雷

THE LIARS' CLUB

MARY KARR

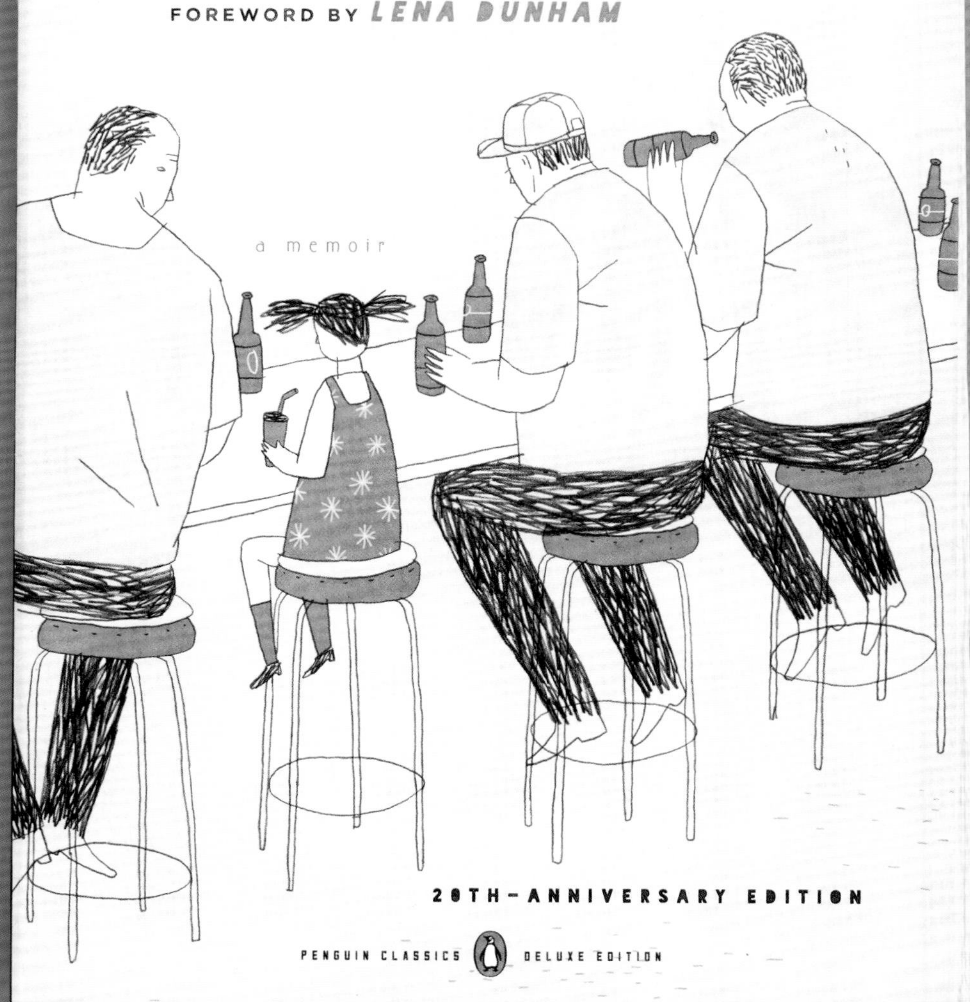

Crime & Punishment

罪与罚　费奥多尔 · 陀思妥耶夫斯基

插画师：祖海尔 · 拉扎尔　**创意总监：**保罗 · 巴克利　**编辑：**约翰 · 西奇里亚诺

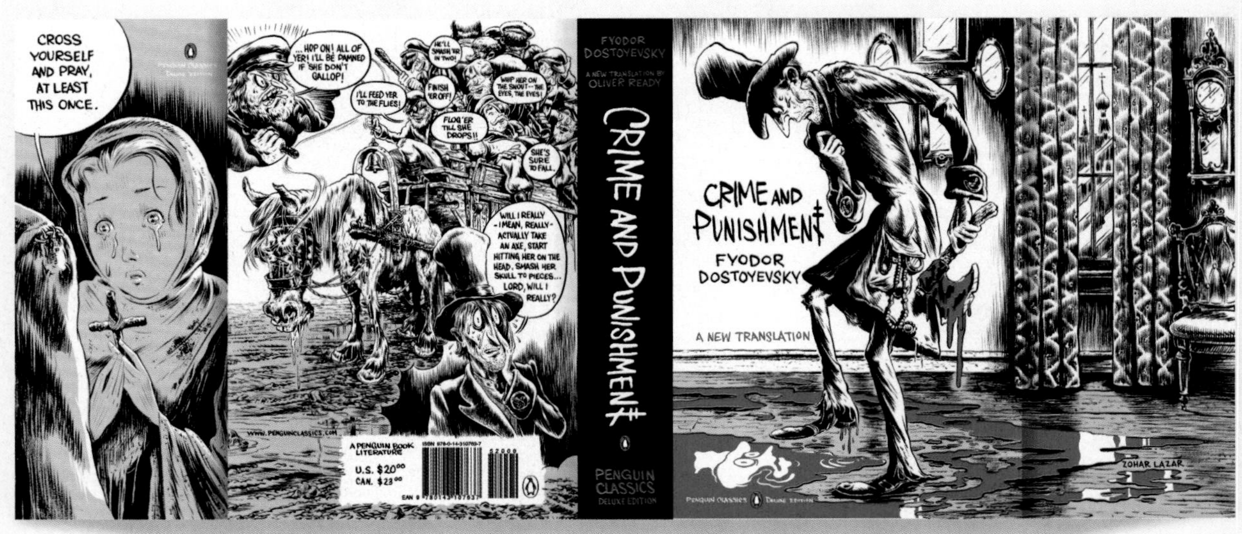

● 插画师：祖海尔 · 拉扎尔

我想象的封面上的拉斯柯尔尼科夫是一个无知的蠢货，总是可笑地被自己编织的噩梦吓醒，一个自负的傻瓜，一路跌跌撞撞总算是找到了救赎。这些画的灵感几乎是立刻出现的。这可怜的家伙滑稽地金鸡独立，被地上的血泊恶心坏了，也被映出的自己的鬼样子吓到……他不是杀人犯，而是个懦夫。封底我画的是他从儿时的梦中醒来，梦里一群醉醺醺的施虐成性的暴徒在折磨一匹疲累的老马。拉斯柯尔尼科夫想到自己残忍地杀了人，但要说他和这些人竟是相同的，他惊呆了。他的表情（从手到面部）是照着我自己的样子画的，然后想到我要画的可是**《罪与他妈的罚》**的封面。“天哪！”我暗叫。这本书地位非凡，无数的中学生拿着它晃悠（封面朝外）来显示自己的深沉和文学品位。我希望我没有辜负这一重任。

• 草图，祖海尔 · 拉扎尔

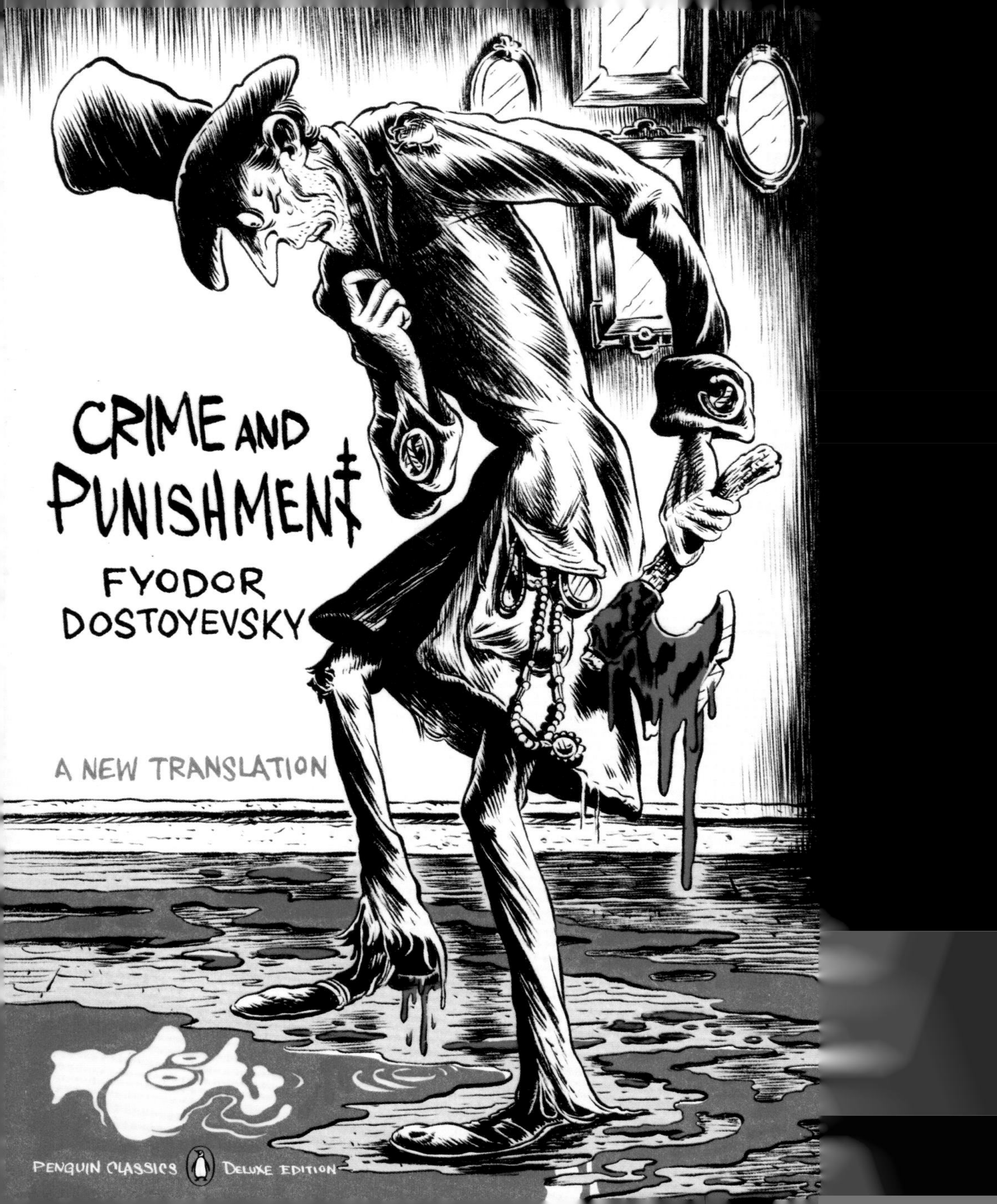
CRIME AND
PUNISHMENT
FYODOR
DOSTOYEVSKY
A NEW TRANSLATION
PENGUIN CLASSICS
DELUXE EDITION

PENGUIN CLASSICS

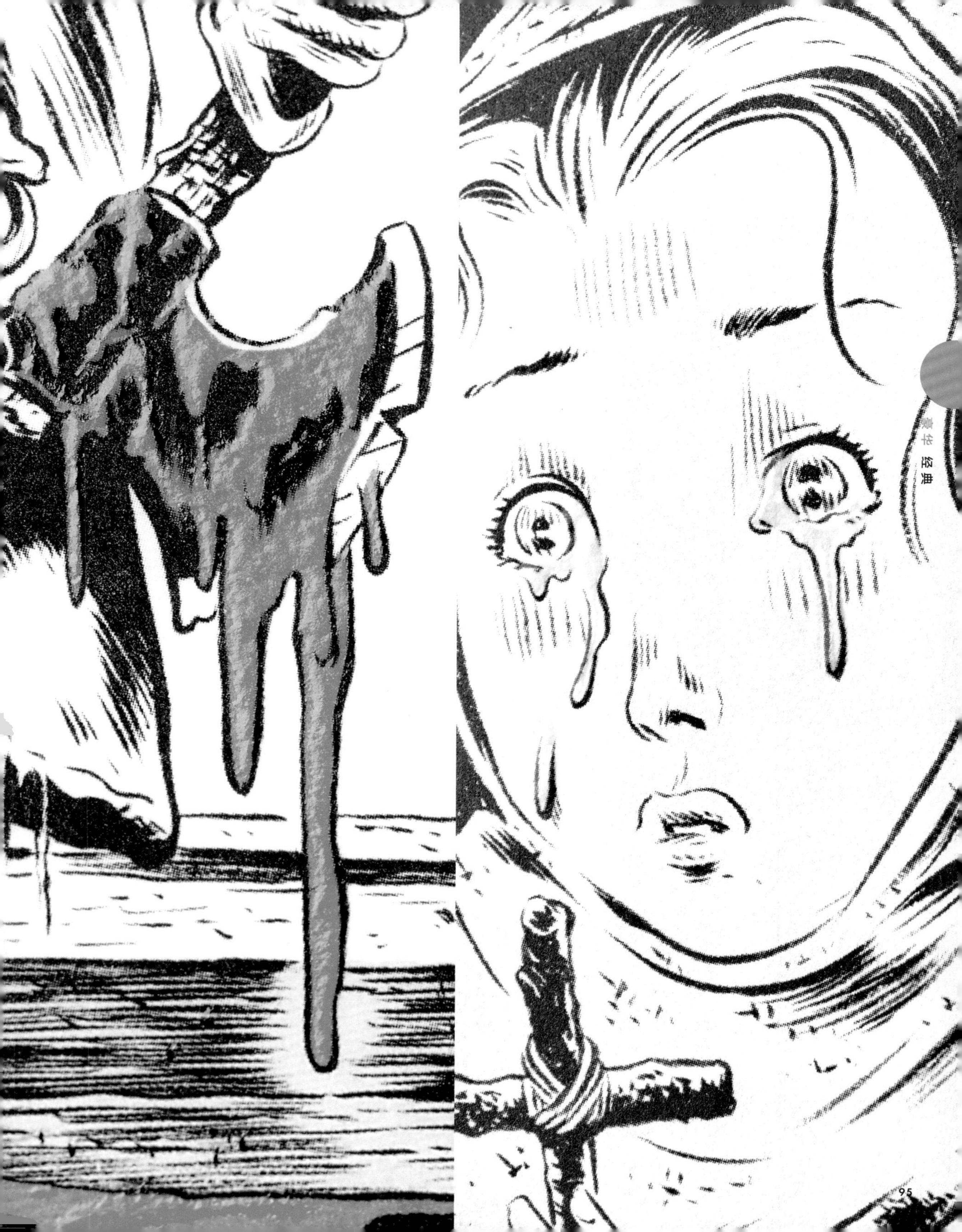

ESSAYS BY JENNIFER BUEHLER,
E.M. FORSTER AND E.L. EPSTEIN
COVER ART BY ADAMS CARVALHO
PENGUIN CLASSICS DELUXE EDITION
www.penguinclassics.com

WILLIAM GOLDING
豪华经典
LORD of the FLIES
PENGUIN
CLASSICS
DELUXE
EDITION

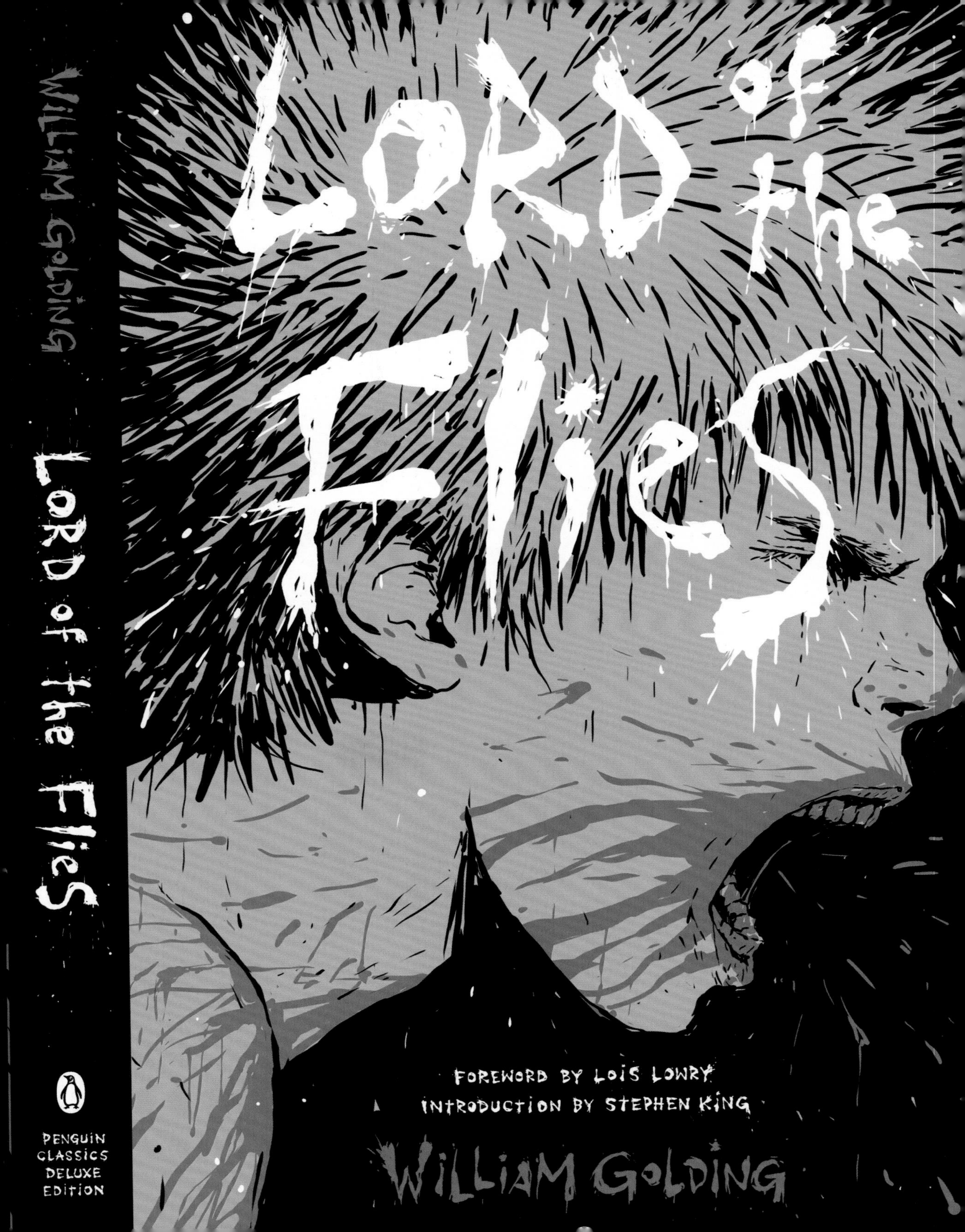

LORD of the FLIES

FOREWORD BY LOIS LOWRY

INTRODUCTION BY STEPHEN KING

WILLIAM GOLDING

WILLIAM GOLDING

LORD of the FLIES

PENGUIN CLASSICS DELUXE EDITION

Lord of the Flies

蝇王（豪华版） 威廉·戈尔丁

插画师：亚当斯·卡瓦略　**创意总监**：保罗·巴克利　**编辑**：艾尔达·鲁特

• 草图，亚当斯·卡瓦略

● 插画师：亚当斯·卡瓦略

幸好我们就哪幅画封面效果最佳达成一致。封面上的男孩和英国的小流氓没什么两样。我认为这个封面用最少的信息传递了一切——只用了一个男孩的侧脸，他满口是血的呐喊描绘了一群孩子的蛮性回归。封面和封底几乎就是镜面：男孩变成了野猪。

● 创意总监：保罗·巴克利

我被要求在一个季度里两次委托艺术家做《蝇王》，所以有了前后两版封面。因为这本书的受众很广，青少年和成人都会读，艾尔达·鲁特和凯瑟琳·科特两版都想要，分别对应青少年市场和成人市场。这本书里有些极度粗暴的场面和主题，那么封面要怎么做区分呢？青少年版的要温和点？又或者比成人版的更血腥？

考虑许久后我决定找两个我非常欣赏但作品风格迥异的艺术家。喜久男更加细腻、内敛，而亚当斯的作品则粗犷、湿淋淋的，类似复印的感觉。我一直瞒着他们这书有两版封面同时在做，也没说他们的封面针对哪个市场，因为我担心要是说了类似“我真的需要你在创作时多想想青少年读者或成年读者”的话，会迫使作品有所倾向，或者让封面变得太过可测，没有惊喜了。于是我索性放手，等着两位的作品，我的直觉是他们的风格会自然出现，根据我之前察觉到的他们各自作品的特色——老天保佑！而且我从来没见过其

（转下页）

Lord of the Flies

蝇王（青少年版） 威廉·戈尔丁

插画师：R. 喜久男·约翰逊 **创意总监：**保罗·巴克利 **编辑：**艾尔达·鲁特

● **插画师：R. 喜久男·约翰逊**

《蝇王》是一个慢慢堕入混沌的故事。接到封面设计的项目后，我直觉如果过于戏剧化或者暴力会剧透最后几章的残暴结局。我觉得与其追求粗俗直接的，不如一个冷静、触动理智的封面效果好。

我的想法是一个赤裸上身的男孩子在擦眉毛上的汗水，而头顶的棕榈树叶烈焰熊熊。世界燃烧殆尽时，他随意地摘下帽子，这是画中现代文明的唯一象征。他对蔓延的大火做出的迟钝反应恰好完全体现了书中一步步推动的混乱。我当时对这幅画非常自信，认为封面非它不可，因而犯了插画师的大忌：连草图都没被批准，就已经花了好几个小时把终稿完成了。

让我非常失望的是，我另外一幅最富戏剧化、感官度的草图通过了。那幅画里是一个明暗对照的、恢复野性的男孩，喘着气，被火焰包围。最后看来这幅画要好得多，我十分庆幸读者看到的是这个封面。

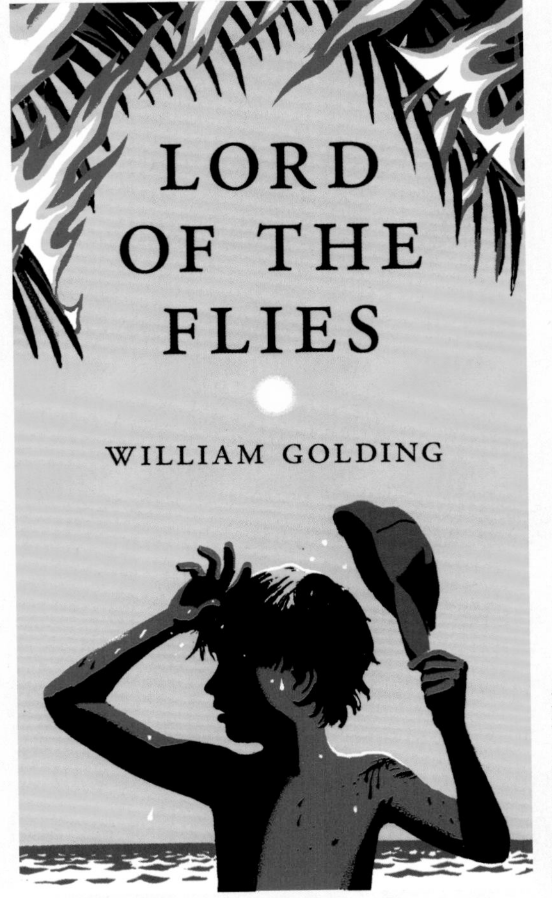

• 草图，R. 喜久男·约翰逊

（接上页）

中任何一人的设计排版，所以这次设计像在赌博。

我认为出来的成果很不错，但并不认同我们需要分两个市场设计两个封面，至少这本书不需要。但我很有可能是错的，因为决策人不是我，这也不是我的领域。我只按照命令完成封面，并盼望一切都达到最佳效果。

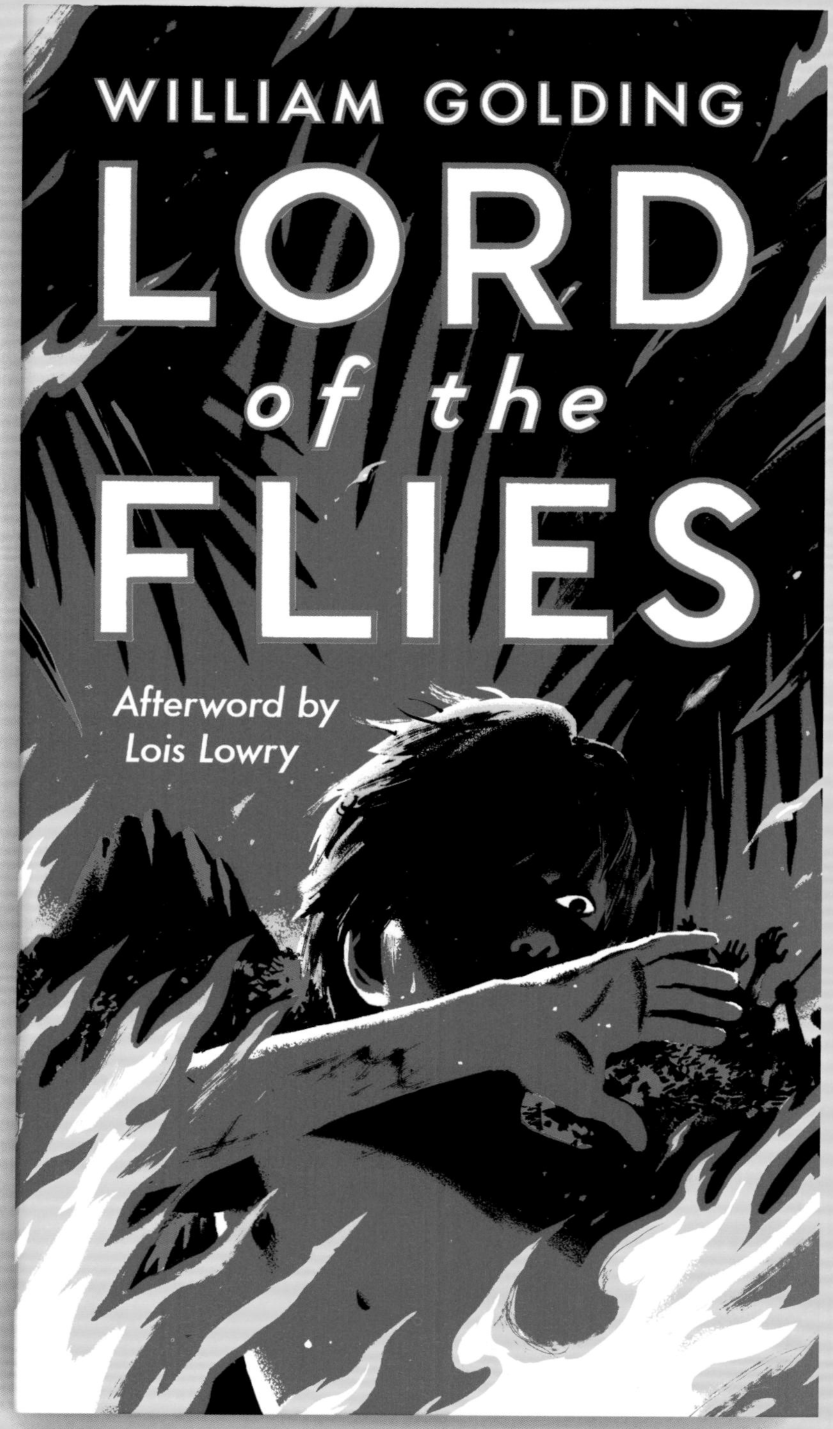
WILLIAM GOLDING
LORD
of the
FLIES
Afterword by
Lois Lowry

The Haunting of Hill House 邪屋 雪莉·杰克逊

插画师：阿伦·维森费尔德　**设计师、创意总监：**保罗·巴克利　**编辑：**艾尔达·鲁特

● **插画师：阿伦·维森费尔德**

我送去的第一份草图很具体，画了书中所有的人物，他们的动作都暗示了各自在小说中的角色。保罗说这部作品太有名了，我不必“插画说明”故事情节，可以更微妙些。这让我大大松了一口气，因为这样我就可以做自己喜欢的图了。我做了很多炭笔素描，想要捕捉一种氛围而非其他。他们选了一张很简单的主角图像，她站在一片漆黑的森林里，并没有体现故事情节，但我觉得比我最初的想法更挑动神经。

• 过程图照片，莫妮卡·维森费尔德 摄；草图，阿伦·维森费尔德

THE HAUNTING OF HILL HOUSE

Shirley Jackson

Penguin Classics
DELUXE EDITION

introduction by
LAURA MILLER

· The ·
Shirley Jackson
· CENTENNIAL ·

《邪屋》草图，阿伦·维森费尔德

COVER ART: *BAKEA*

COVER DESIGN & ART DIRECTION:
PAUL BUCKLEY

PENGUIN CLASSICS  DELUXE EDITION

PENGUIN CLASSICS READERS GUIDE AVAILABLE
ONLINE AT WWW.PENGUINCLASSICS.COM

Alice's Adventures in Wonderland
and Through the Looking-Glass
经典
PENGUIN
CLASSICS
DELUXE
EDITION
Lewis
Carroll
A Penguin Book
Literature
U.S. $16.00
CAN. $18.00
U.K. £10.99
ISBN 978-0-14-310762-0
51600
EAN 9 780143 107620

150TH-ANNIVERSARY EDITION

ALICE'S ADVENTURES IN WONDERLAND

AND

THROUGH THE LOOKING-GLASS

PENGUIN CLASSICS DELUXE EDITION

LEWIS CARROLL

INTRODUCTION BY CHARLIE LOVETT

ALICE'S ADVENTURES IN WONDERLAND AND THROUGH THE LOOKING-GLASS

PENGUIN CLASSICS DELUXE EDITION

LEWIS CARROLL

Alice s Adventures

in Wonderland & Through the Looking-Glass

爱丽丝漫游仙境及镜中世界奇遇记　路易斯·卡罗尔

插画师：胡安·戈麦斯（巴克亚）　**设计师、创意总监：**保罗·巴克利　**编辑：**艾尔达·鲁特

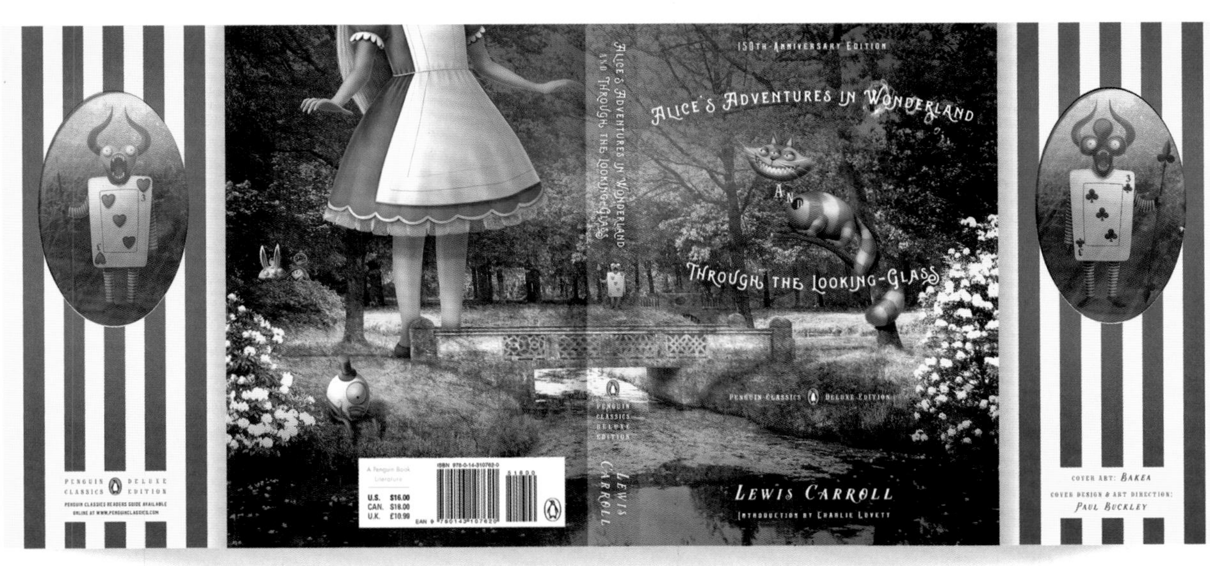

设计师、创意总监：保罗·巴克利

走到这一步走了很远。真的。地理上相距好几千英里，这过程中几幅草稿也跌跌撞撞。

我在想要找谁做的时候，伊万·卡努给我发来邮件。他是米兰一家知名插画学院Mimaster的院长，邀请我去那里做三件事：做讲座，看学生的作品册，以及最后但也同样重要的，给学生布置书籍封面的任务，然后我再飞过去。如果有可能的话选出一幅送印——给真书做封面。90%的类似邀请我通常都会拒绝，因为我不想在度假的时候教书（我的妻子英素应该享受真正有我陪伴的假期），而且把演讲和工作放在一起展示实在很难，工作量太大了。所以我基本会拒绝邀请，也不会心气太盛以致难以实现——要做大人物实在太太太累了。

但这次可是去意大利，英素一听眼睛就亮了，然后我们飞了过去——我让学生们做这本书，但从没想过他们其实只有四周时间去了解它并设计封面，而且“它”其实是指两本书。

米兰人杰地灵，但三十几幅卡罗尔的候选作品里没有足够扎实成型的。错

（转下页）

（接上页）

都在我。有些想法很不错，但对学生来说这项工程太大了。所以我飞回纽约向社里的专业人士汇报，他们此前非常信任我“觉得这个能做成”的直觉（“我们有太多选择了！”），但如今我却空手而归。

自那以后，我和伊万、Mimaster学院合作过两次，请学生做了黑色书脊里的一本，双方都觉得不错。这些工作都不复杂，不用字体排版或设计，也不用考虑豪华的装帧——只需要阅读材料，做一幅你觉得适合放在一个方框里的插画。包括里卡尔多·维基奥和埃米利亚诺·蓬齐在内的大师在此过程中指导这些学生。

这本书的第二步，我找到一直以来都十分欣赏的胡安。他能把疯癫的角色放到真实的摄影环境中，我知道他是完美人选。我们慢慢搞定插画，胡安表示字体设计他也想做。我挺犹豫的。在做豪华版系列的时候，我通常很享受请风格独特的艺术家做项目，这本书讲这么多正体现了这一点……但是，尽管我真心喜欢胡安的艺术，我并不确定网上找到的几个字体设计样品适合这个项目，我们花了很长时间去达到我们需要的效果。

但最后，我们搞定了插画——胡安做得太棒了！不过，我们就是不喜欢他提交的字体设计。然后我们来不及了。我被逼通宵做字体设计，搞得我们俩之间有些嫌隙。来往的大量邮件里，胡安都在重申自己的不快，而我也不断说明这次合作真的很好、我们都应该对这个封面感到骄傲。我明白有些事是主观的——也许把我和他的字体设计放一起看，人们100%会觉得我的比较差——但我也清楚我的工作是委托（插画，不是设计），而且这种字体设计在这里的确不合适。最后，当我觉得事情都过去了的时候，我收到一封邮件说因为语言障碍，胡安觉得没有准确地表达自己不满的程度，因此想让企鹅找个翻译，他用西班牙语说，再翻译成英语……[艺术总监吞枪……]

从米兰到西班牙到纽约，该做的都做了，我很庆幸做完了，然后我喜欢这个封面，真心话。

● **插画师：胡安·戈麦斯（巴克亚）**

收到保罗邮件问我要不要做这个封面的时候，我觉得我的梦想成真了。我被委托做一本我一生挚爱的书籍的封面！之后，正如书中的情节，事情发展不妙……

我对最后的成果表示满意，但确信能做得更好。排版作为设计的一部分是我们碰到的困难，我到现在也不确定是否成功克服了。

最后，再讲两点：（1）谢谢；（2）保罗，我还是觉得“那简单的Bodoni字体”看上去更好。

• 备选字体设计，胡安·戈麦斯（巴

Giant Peach 詹姆斯与大仙桃 罗尔

插画师：乔丹 · 克兰　**创意总监：**保罗 · 巴克利　**编辑：**约翰 · 西奇里亚诺

● **插画师：乔丹 · 克兰**

这本书每个版本的封面都有一个共同点：一个大桃子。所以我决定另辟蹊径。我发誓决不用桃子。不要桃子。不管怎么说，标题里已经有了，插画没有必要再重复一遍。从头开始。在桃子之前。詹姆斯的历险始于他跌倒、丢了魔法虫子后绝望的那一刻，之后故事开始了，真正滚动起来。一切都始于那一刻。

MORE POWER AND MAGIC... THAN ALL THE REST OF THE WORLD
YOU TAKE IT! IT'S YOURS
HOLD THE BAG TIGHT! DON'T TEAR THE PAPER!
WHAT ARE THEY?
AH-HA! YOU'D NEVER GUESS THAT!
OFF YOU GO!
AND DON'T LET THOSE LITTLE GREEN THINGS GET AWAY FROM YOU EITHER!
UFF
James and the Giant Peach
50th ANNIVERSARY
Introduction by Aimee Bender
·Roald Dahl·
PENGUIN CLASSICS
DELUXE EDITION

The Divine Comedy

神曲　但丁

插画师：埃里克·德鲁克　**创意总监：**保罗·巴克利　**编辑：**约翰·西奇里亚诺

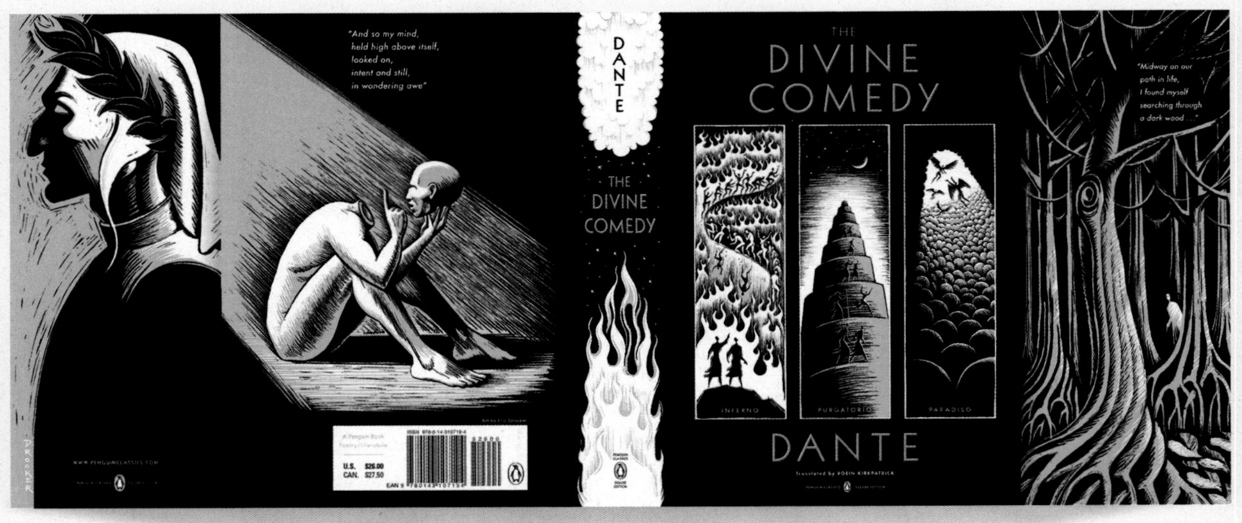

● 插画师：埃里克·德鲁克

在用插画阐述作者的文字时，我会尽力钻进作者的脑袋里。读到《**神曲**》的开篇几行，我就意识到作者当时正经历严重的中年危机，内疚懊悔，迷迷茫茫，孤零零地身处一片漆黑的密林中心。

“太好了，”我自言自语，“是我熟悉的领域！哪有人不会对在深林里迷失产生共鸣呢？不论在哪个年纪，哪个世纪……”

我的第一份封面草图画的是作者手拿自己的头颅，想要思考却是徒劳的。“我的心灵也是这样，全神贯注，凝望着……”编辑喜欢这个构思——一开始是的——但不久又要求封面得更全面些。

我的三联画里，《**地狱**》最有画面感，而这一部本身也是书中最令人印象深刻的。非常幸运的是，企鹅很快就单独出版了以该画为封面的《**地狱**》篇。

•《地狱》封面，埃里克·德鲁克

THE

DIVINE COMEDY

DANTE

Translated by ROBIN KIRKPATRICK

PENGUIN CLASSICS DELUXE EDITION

Middlemarch

米德尔马契　乔治·艾略特

设计师、插画师：凯利·布莱尔　**艺术总监：**罗斯安妮·塞拉、保罗·巴克利　**编辑：**艾尔达·鲁特

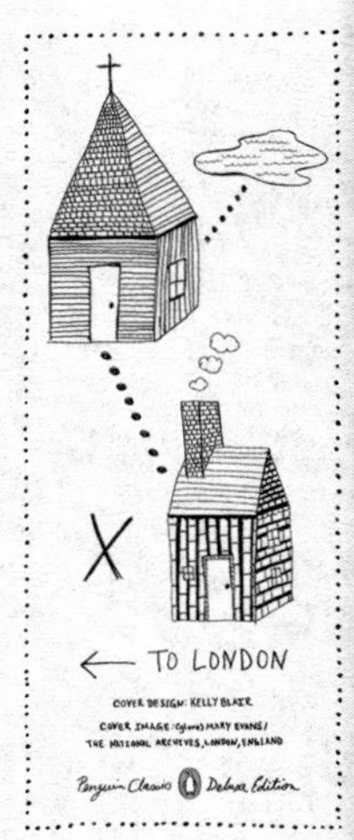

● **序言作者：瑞贝卡·米德**

《米德尔马契》临近结尾的小高潮中，女主人公多萝西亚·布鲁克摘下手套，因为“她的手套已经摘掉，每逢她需要感到自由的时候，她总是情不自禁地这么做”——那个时代对女性束缚的有力证明，不仅仅是服装样式。这个封面的灵感来自英国国家档案馆的一只真的手套，由乔治·肖夫精心设计，时间正好是1851年于海德公园举办的第一届世博会。这只手套给了佩戴人一种类似小说作家的自由：随心所欲地规划自己的路线。

● **设计师、插画师：凯利·布莱尔**

绿龙酒家、弗雷什特庄园、高斯家、圣彼德堂、白鹿旅馆、金樽酒店、蒂普顿、洛伊克门、文希先生的商行。这些都是**《米德尔马契》**中的地点。

封面的灵感来源是伦敦世博会的一张复古地图，绘制在手套上。以这种方式重现**《米德尔马契》**的地图，真是赏心悦目。很容易就能想象自己漫步在小说的环境里，在这个丰富又迷人的世界里找到自己的路。我会把这只左手手套拿在手里，中途小憩一下，来杯浓茶。也许在路上的时候，我可以顺便把碰到的各个人物画到右手手套上。

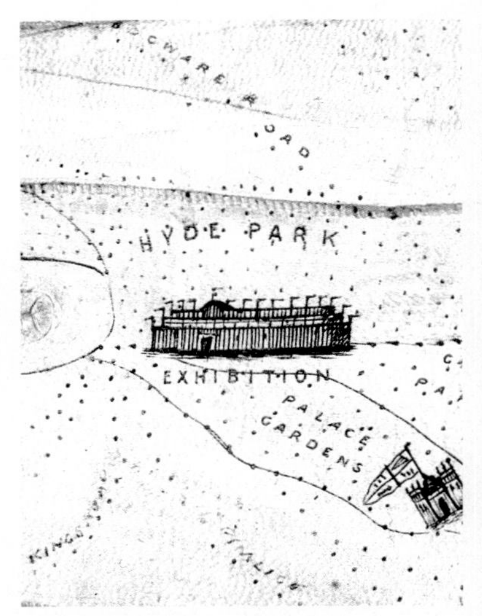

• 伦敦世博会手套，玛丽·埃文斯，国家档案馆，英国伦敦

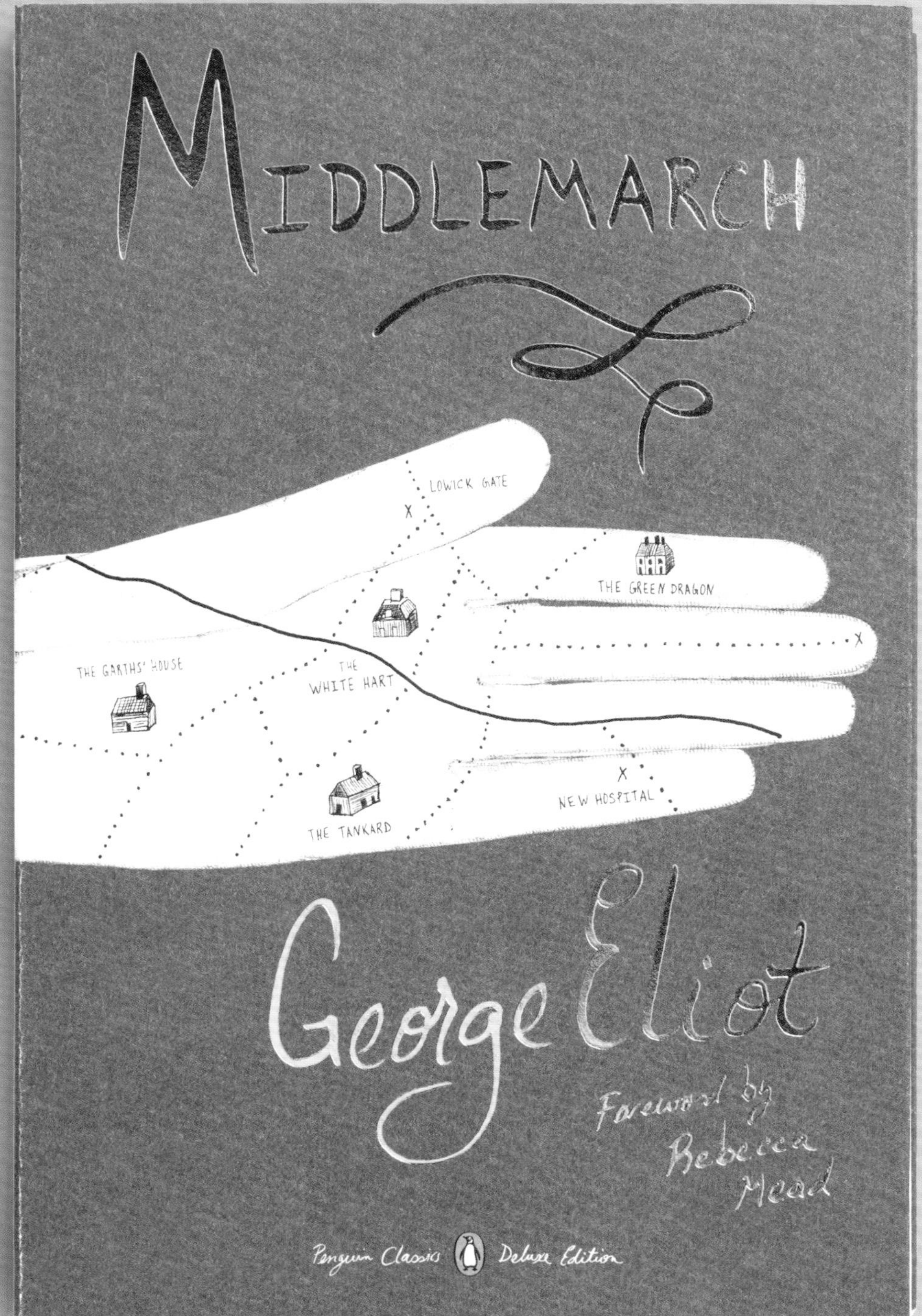
MIDDLEMARCH
LOWICK GATE
THE GREEN DRAGON
THE GARTHS' HOUSE
THE WHITE HART
NEW HOSPITAL
THE TANKARD
George Eliot
Foreword by Rebecca Mead
Penguin Classics Deluxe Edition

Titanic:

First Accounts 泰坦尼克号：一手档案

插画师：马克斯·埃利斯　**艺术总监：**罗斯安妮·塞拉　**编辑：**艾尔达·鲁特

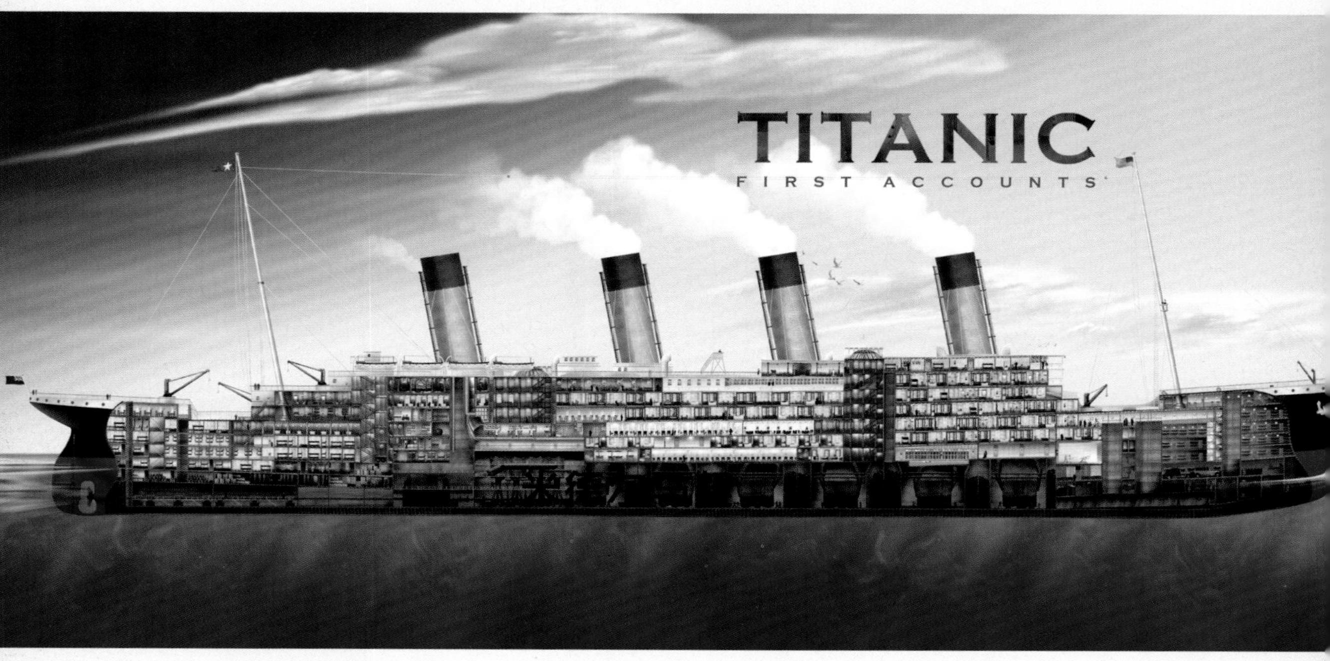

● **编者：蒂姆·马尔丁**

泰坦尼克号是一座海上宫殿，这个漂亮的封面是船的剖面，展示了第一次世界大战前高度阶层化的社会，在那个镀金时代社会并不平等。泰坦尼克号有一千三百名乘客，由九百名船员贴身伺候。马克斯·埃利斯给**《泰坦尼克号：一手档案》**做的封面十分出彩：清晰地图解了不同的社会阶层，船肚最底端的“黑色群体”锅炉工，直上一百英尺，对比的是甲板上头等舱健身房的奢华。

● **艺术总监：罗斯安妮·塞拉**

和马克斯·埃利斯一起做**《泰坦尼克号》**是一场长途跋涉。我需要一个非常专业的人士，从马克斯那里学到了许多泰坦尼克号的内部构造细节。你知道吗？这艘船不仅在规模上是巨兽，在外观上也有美学的考虑。最初只有三个烟囱，但设计师觉得不好看，于是在船尾加了第四个，不作他用，只是为了平衡画面感。多出来的烟囱冒的一点点白烟其实是下方厨房的油烟。

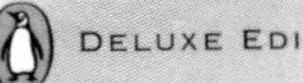

TITANIC

FIRST ACCOUNTS

EDITED WITH AN INTRODUCTION BY TIM MALTIN

AFTERWORD BY NICHOLAS WADE

FIRSTHAND ACCOUNTS BY LAWRENCE BEESLEY, MARGARET BROWN, ARCHIBALD GRACIE, AND MORE

• 泰坦尼克号细节图，马克斯·埃利斯

● 插画师：马克斯·埃利斯

收到委托邮件的时候我正在巴厘岛度假，几杯鸡尾酒下肚的我一下子就接了这个活，天真地以为要画的是沉船画。（我给一本潜水杂志画过好几百幅沉船的示意图。）两周后我回家了，发现自己答应下来的任务是要画首航的泰坦尼克号，载满乘客的剖面图！

根本没有可供参考的资料，我只好花了一个月时间紧锣密鼓、歇斯底里地做调研，翻遍工程图，不错过任何一个在线论坛，补齐细节图中的空白，否则封面无从做起。许多细节都找不到依据（比如船头和船尾起稳定作用的线）。壁球场在前段，我得搞清楚甲板是倾斜的还是水平的，但即便是姐妹船奥林匹克号的图像档案也没什么用，我只好靠猜。现在回过头来看这幅画，感觉自己能做出来有点不可思议，并且觉得自己非常幸运，成为了这段奇妙的历史的一部分。

The Communist Manifesto 共产党宣言 卡尔·马克思、弗里德里希·恩格斯

插画师：帕特里斯·基洛夫　**创意总监：**保罗·巴克利　**编辑：**艾尔达·鲁特

● **插画师：帕特里斯·基洛夫**（由山姆·拉伊姆自法文译为英文）

企鹅找我做马克思、恩格斯的**《共产党宣言》**，让我高兴坏了，第一因为这是企鹅旗下一个知名艺术家做插画的华丽系列，但最重要的原因还是这本书。它是经典，更是一本，我们可以说，改变了世界的书，因此超越了经典。它不仅是政治的，还涉及哲学、幽默、文学、历史、愤怒、讽刺——所有的一切！

怎样才能集中体现这些呢？

这个项目令人望而生畏，雪上加霜的是我当时的生活状况：分手没多久，又刚开始一段新感情，对象是个完全疯癫的西班牙女人，我的儿子在不久前自杀未遂（不是真的自杀，但也差不离……）

面对这些问题的我忽视了工作，邮件不回，很晚才交稿，那时他们已经开始警告我了。我想我已经被企鹅永久列入黑名单了。

不管怎样，我还是非常高兴，翻过了这座大山。我选择这份工作，正是因为会碰到这样的挑战。为**《共产党宣言》**作画……我觉得自己有受虐倾向。

还是有一个小遗憾：一开始，我并不想把资本家描绘成惯例的戴高帽、抽粗雪茄的猪，而是想画成企鹅。这似乎是个很好的契机：礼服、礼帽、雪茄配上企鹅……但他们不喜欢这个想法。我现在还纳闷为什么。

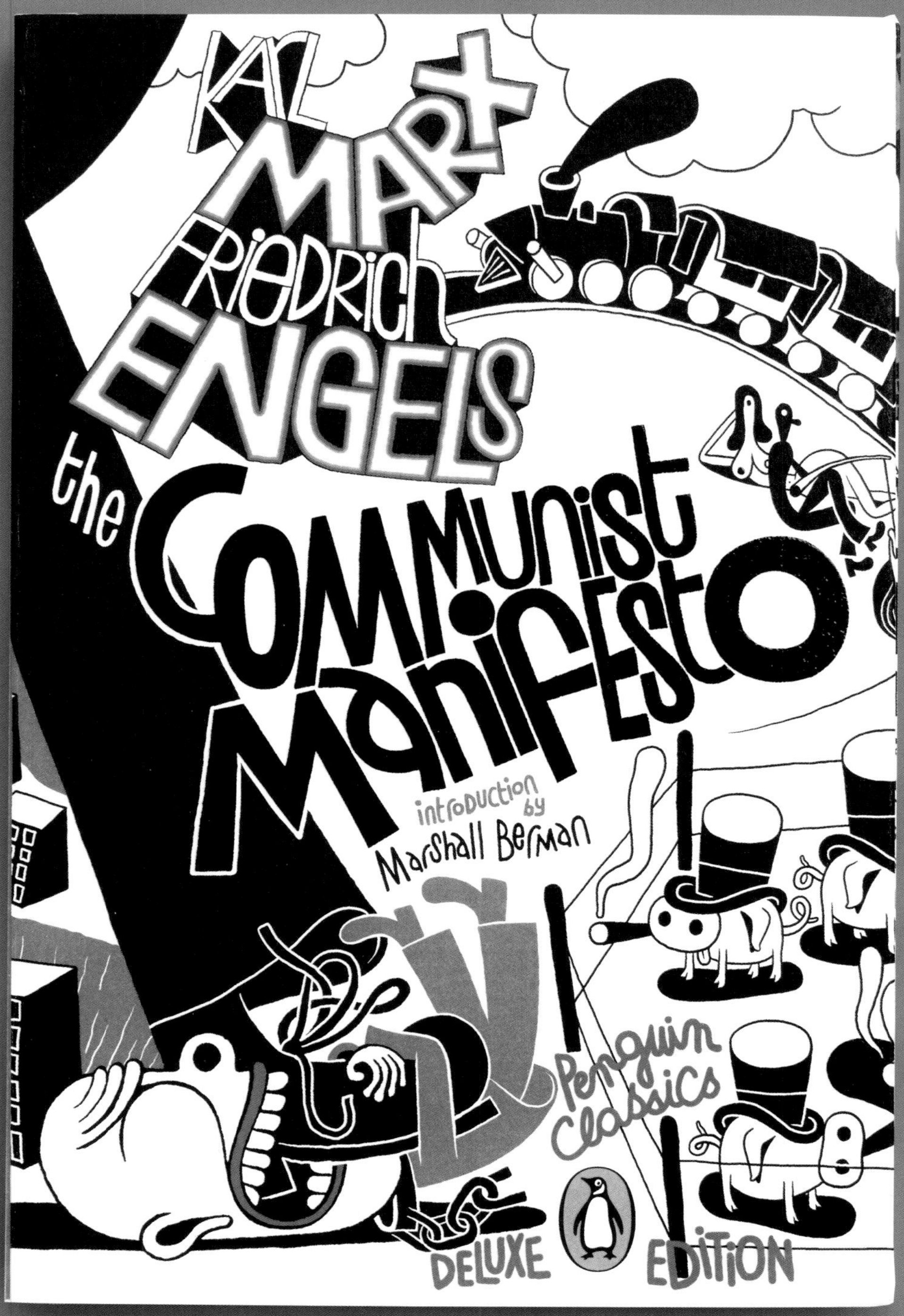
KARL MARX
FRIEDRICH ENGELS
the COMMUNIST MANIFESTO
introduction by Marshall Berman
Penguin Classics
DELUXE EDITION

Emma

爱玛　简·奥斯汀

插画师： 达度·申　**艺术总监：** 布里安娜·哈登　**创意总监：** 保罗·巴克利　**编辑：** 艾尔达·鲁特

● **插画师：达度·申**

简·奥斯汀的《**爱玛**》有过许多封面。谷歌快搜一下就能发现它们有个共同点：该书主人公爱玛的画像。这次两百周年的纪念版，我们打算做点不一样的。我们最后的选择，我认为清楚地展现了该书的主题，聚焦人物关系以及爱玛作为窥视这些关系的窗口。我的确想过是不是该做得更加体现社会阶层和相应的性别角色，但我挺满意最后的这个封面。

* 草图，达度·申

EMMA

200th - ANNIVERSARY
ANNOTATED

PENGUIN CLASSICS
DELUXE EDITION

The Call of Cthulhu and Other Weird Stories

克苏鲁的呼唤 H.P.洛夫克拉夫特

插画师：特拉维斯·路易 **设计师、创意总监：**保罗·巴克利 **编辑：**艾尔达·鲁特

● 插画师：特拉维斯·路易

对我来说，H.P.洛夫克拉夫特的作品会让人渐渐丧失理智、毛骨悚然。接到**《克苏鲁的呼唤》**的时候，我迫不及待地想重读一遍他的书，虽然这意味着我会越来越疯癫。末日来临时，外星人和古老的海底神祇会在我的后院起舞，像是和身披鼠皮、头戴高帽的人一起举办假期舞会。这一天迟早会降临，真的。征兆无处不在，洛夫克拉夫特早在1920年代就知道了。每次邮递员碰到我说出“我们完蛋了！祝你一天愉快！”这种话，我都会想到末日之钟一直在滴答滴答地走。即便你从未碰到过有人趴在你车前、脸贴在前车窗上尖叫“他们已经来了！”，你还是有这种预感……不是吗？我没有扯着头发、绕自己的房子乱跑，也没有神色绝望地盯着浴室里深渊般的镜子，但我绝对已经准备好面对末日了，多亏了洛夫克拉夫特。

● 评论家、历史学家：S.J. 乔希

这两本书*的封面简洁有力地传达了H.P.洛夫克拉夫特笔下的外星怪物。他标志性的文学贡献在于创造了外星的生物，彻底摒弃了一贯的幽灵、女巫、吸血鬼和哥特传统中的狼人。两位艺术家都恰如其分地描绘了洛夫克拉夫特光怪陆离的想象力。洛夫克拉夫特角色思索无边无尽的宇宙中一切皆有可能，两幅封面惊悚之余，还巧妙地暗示了惊叹又敬畏的人物感受。

*见p214，《门口的东西》

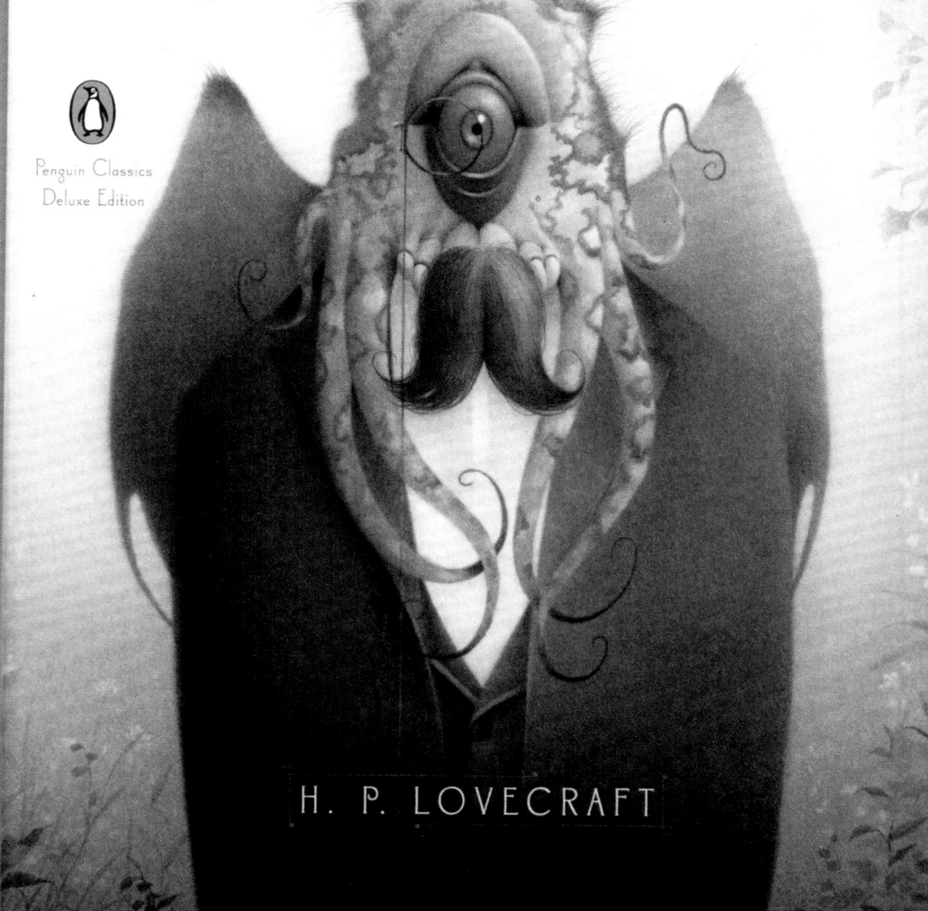
The Call
OF
CTHULHU
AND OTHER
Weird Stories
Penguin Classics
Deluxe Edition
H. P. LOVECRAFT

When Victor Hugo began
work on Les Misérables in
the 1840s, he was already a
established author who ha
found success with
The Hunchback of Notre-Dame

When the novel was finally
published in 1862,
it was greeted with much
fanfare and publicity—

Nevertheless, the novel became
an instant bestseller. So great
was the impact that some of the
social issues addressed in the
book were taken up by the
French National Assembly.
Les Misérables remains
Hugo's most enduring work
and is regarded as one of
the most important novels
of the 19th century.

Art and Design by
Jillian Tamaki

PENGUIN CLASSICS DELUXE EDITION

Marius
Cosette
Introduction by
Robert
Tombs
Éponine
Jean
Valjean
Fantine
Gavroche
Javert
A Penguin Book
Literature
U.S. $25.00
CAN. $28.00
ISBN 978-0-14-310756-9
52500
EAN 9 780143 107569

PENGUIN CLASSICS DELUXE EDITION
Les Misérables
"As long as there are ignorance and poverty on earth, books of this kind may serve some purpose."
Victor Hugo
New Translation by Christine Donougher

Les Misérables

悲惨世界 维克多·雨果

插画师：吉莉安·玉城　**创意总监：**保罗·巴克利　**编辑：**艾尔达·鲁特

When Victor Hugo began work on Les Misérables in the 1840s, he was already an established author who had found success with The Hunchback of Notre-Dame.
When the novel was finally published in 1862, it was greeted with much fanfare and publicity—
along with mixed reviews from critics.
Nevertheless, the novel became an instant bestseller. So great was the impact that some of the social issues addressed in the book were taken up by the French National Assembly.
Les Misérables remains Hugo's most enduring work and is regarded as one of the most important novels of the 19th century.
PENGUIN CLASSICS DELUXE EDITION
Introduction by Robert Tombs
Les Misérables
Hugo
Les Misérables
Victor Hugo
New Translation by Christine Donougher
PENGUIN CLASSICS DELUXE EDITION

● **插画师：吉莉安·玉城**

做这个封面前我从没读过《**悲惨世界**》，连音乐剧都没看过。这样其实挺好的，有一种新鲜感——你专心致志地去读，不会被以前的印象所左右。我出乎意料地喜欢这个故事，喜欢庞大的人物群体、跌宕起伏的剧情、唠唠叨叨的叙述，整章整章的。（坦白：我最后听的有声书，我读书速度并不快。）

我看着自己的几幅草图，回溯自己的构思，为这个护封做准备。通常我会给客户几个非常不同的构思，但这本书例外，我很快就确定了这个设计：密集、丰富、图像性的展示，来反映作品的宏大。最令我感触的是反应人类价值的几个图像——尤其是芳汀，穷到拿自己的头发和牙齿换钱，书脊上的图像就来源于此。

Hair in coil

• 草图，吉莉安·玉城

Fairy Tales from the Brothers Grimm 格林童话 菲利普·普尔曼

设计师：阿里森·福尔纳　**创意总监：**保罗·巴克利　**编辑：**艾尔达·鲁特

PHILIP PULLMAN's His Dark Materials trilogy (The Golden Compass, The Subtle Knife, The Amber Spyglass) has sold more than fifteen million copies and has been published in more than forty countries. The first volume, The Golden Compass, was made into a major motion picture starring Nicole Kidman and Daniel Craig. Pullman is at work on a companion His Dark Materials novel, The Book of Dust. He lives in Oxford, England.
WWW.PENGUINCLASSICS.COM
WWW.PHILIP-PULLMAN.COM
Author photograph © KT Bruce Photography

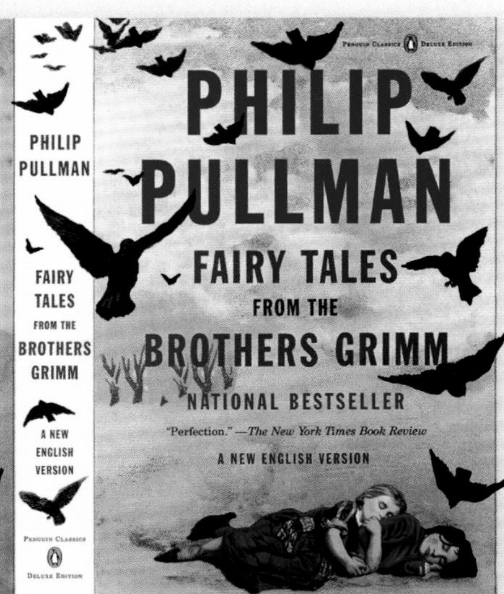

PHILIP PULLMAN
FAIRY TALES FROM THE BROTHERS GRIMM
A NEW ENGLISH VERSION
PHILIP PULLMAN
FAIRY TALES
FROM THE
BROTHERS GRIMM
NATIONAL BESTSELLER
"Perfection." —The New York Times Book Review
A NEW ENGLISH VERSION

The acclaimed retelling of the world's best-loved fairy tales by the #1 New York Times–bestselling author of The Golden Compass—now with three new tales!
Two centuries ago, Jacob and Wilhelm Grimm published their first volume of fairy tales. Since then, such stories as "Cinderella," "Snow White," "Rapunzel," and "Hansel and Gretel" have become deeply woven into the Western imagination. Now Philip Pullman, the New York Times–bestselling author of the His Dark Materials trilogy and one of the most accomplished storytellers of our time, makes us fall in love all over again with the immortal tales of the Brothers Grimm.
Here are Pullman's fifty favorites—a wide-ranging selection that includes the most popular stories as well as lesser-known treasures like "The Three Snake Leaves," "Godfather Death," and "The Girl with No Hands." At the end of each tale Pullman offers a brief personal commentary, opening a window on the sources of the tales, the various forms they've taken over the centuries and their everlasting appeal. Suffused with romance and villainy, danger and wit, Pullman's beguiling retellings will cast a spell on readers of all ages.

• 采用的封面

● 设计师：阿里森·福尔纳

芭芭拉·德·王尔德曾说过，她希望有人雇她“洒热血去做些东西……任何东西”。这是女性设计师面临的一个问题：缺少有趣的项目。保罗联系我来做菲利普·普尔曼的重述《**格林童话**》的时候，我正处在芭芭拉的那种泄气状态中——虽然我做的埃科是文学类的，但接的其他活不是育儿就是心灵鸡汤，偶尔还有言情小说。

保罗在电子邮件里说，“这些是阴暗的故事……大家总是把它们美化……我要的是阴沉，漆黑一片的那种。”我确定我当时立马就接下了。

他让我——一个女性——作“阴沉”的插画，对我来说意义非凡。两个封面各有优点，虽然最后只取其一，但我依然觉得在《**格林童话**》封面上撒点血不失为大胆之举，也许可有可无，但出其不意。

The
BROTHERS GRIMM'S
Fairytales

SELECTED AND RETOLD BY

PHILIP PULLMAN

赫索格 索尔·贝娄

设计师：林·巴克利　**创意总监：**保罗·巴克利　**编辑：**艾尔达·鲁特

● **设计师：林·巴克利**

罗斯安妮·塞拉先把这个项目给了简·王，她做的很好，但作者的版权方比较挑剔。所以，已经到季末了，但我们还没有一份过审的设计草样。好在我们的出版人凯瑟琳·科特记得以前一份被毙掉的设计，是给另一本书《战时音乐》做的。她总是说，“留着，以后也许能用在别的封面上”，这次总算成真了。这句口头禅是所有设计师心中的痛，言下之意其实是这设计永远不会用上了。回过头看，《战时音乐》原本的设计稿并不出色，但我看到的是**《赫索格》**最后的墨渍和《战时音乐》最终的护封的结合。

• 《战时音乐》草图，林·

• 《赫索格》未采用的封面，简 · 王（艺术总监：罗斯安妮 · 塞拉）

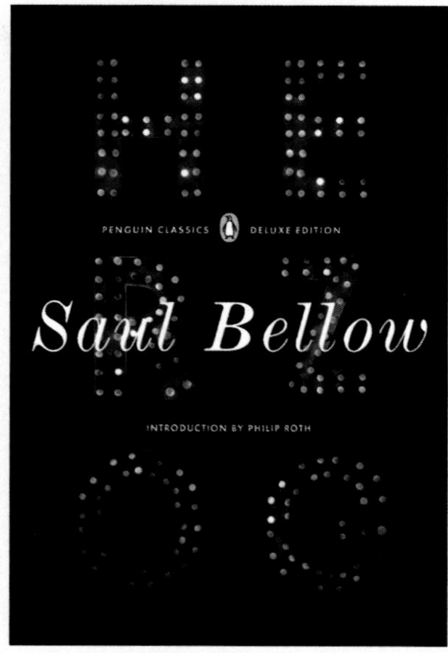

• 《战时音乐》最终封面，林 · 巴克利

• 《赫索格》草图，林 · 巴克利

● 设计师：林 · 巴克利

再回到**《赫索格》**的设计过程。我开始修改这个封面，主人公据说是以作者索尔·贝娄为原型的，所以试着用了贝娄的签名，背景是木质纹路，有六十年代设计的感觉。倒霉的是，我被告知出版方“不喜欢木质纹路”，而且他们不喜欢这个签名。不过话说回来，封面越改越好了。我喜欢最后选择的字体，虽然我提供了很多颜色方案，他们挑了绿色，我的最爱，但同时别人经常告诉我绿色的封面卖不好，这也算我个人的小成就吧。最重要的是，能泼那么多墨渍实在太爽了。

COVER ART AND DESIGN
BY ADAM SIMPSON

PENGUIN CLASSICS  DELUXE EDITION

RACHE
INN
A PENGUIN BOOK
LITERATURE
U.S. $25.00
CAN. $33.00
U.K. £14.99
ISBN 978-0-14-310713-2
52500
EAN 9 780143 107132
137

SHERLOCK HOLMES

THE NOVELS

PENGUIN CLASSICS DELUXE EDITION

THE VALLEY OF FEAR

THE HOUND OF THE BASKERVILLES

SIR ARTHUR CONAN DOYLE

INTRODUCTION BY MICHAEL DIRDA

Sherlock Holmes

The Novels 福尔摩斯探案集 阿瑟·柯南·道尔

插画师：亚当·辛普森　**创意总监：**保罗·巴克利　**编辑：**艾尔达·鲁特

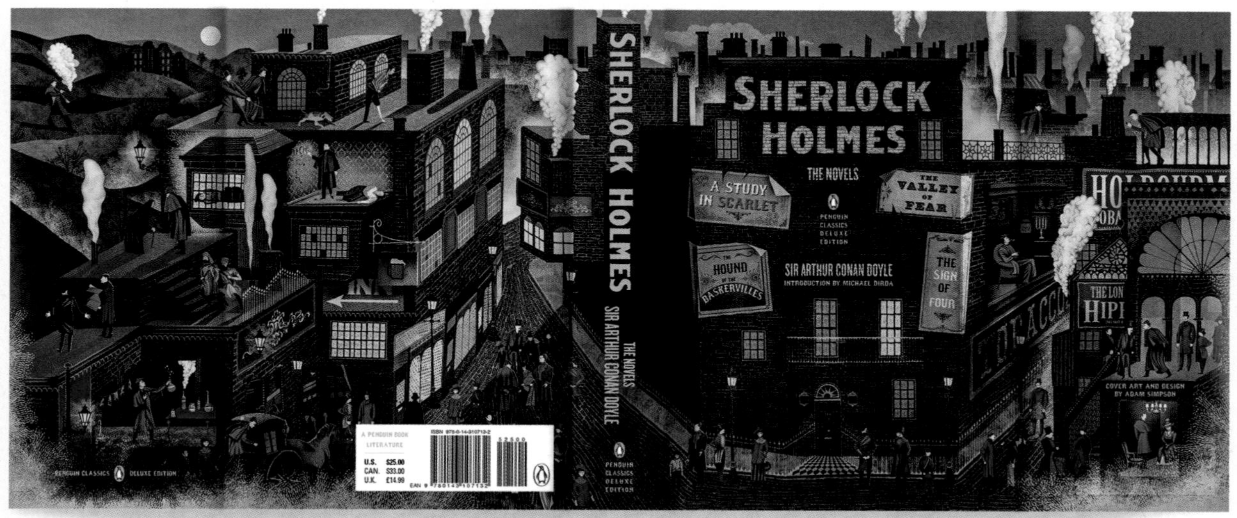

● 插画师：亚当·辛普森

一开始我就下决心，重点部分不用老套的烟斗和猎鹿帽。我觉得这是个重现让人好奇的维多利亚时期的契机：一个后工业革命的世界，充满烟、黄色浓雾以及疑案，是有氛围和质感的，而非随处可见的、单调的剪影。福尔摩斯值得拥有更好的封面。在找到贝克街的实体之后，场景中其余的东西都自动到位了。我想见见他，穿梭于混乱之中的他。

● 导读作者：迈克尔·德达

亚当·辛普森所绘的《**福尔摩斯探案集**》封面正背面相连，采用柔和的棕灰色调，描绘了1890年代伦敦的砖石建筑、石板路和形形色色的小人物。仔细看你会发现几乎每个阳台、角落或房屋内部都取自这个名侦探四部小说的冒险场景。背景里是一串串烟雾，你看到一个装了木质义肢的男人、墙上刻的RACHE（复仇）一词、一个被绑起来的噤声女人以及似乎是锡克教徒的包头巾的人。翻到封底，巴斯克维尔的猎犬从暗处蹿出。几乎所有这些迷你场景里，你也能看到戴着猎鹿帽、身穿披风的、你绝对不会搞错的人物。

总的来说，辛普森的封面给人的印象像是硬纸板做成的玩具剧场。四部福尔摩斯小说的标题恰到好处地体现在海报上，看上去像大会堂或大戏院正在上演的节目广告。护封有点爱德华·戈里的感觉，加强了一种奇妙、玩乐的艺术效果。

Persuasion and *Sense and Sensibility*

劝导 理智与情感　简·奥斯汀

插画师：奥德丽·尼芬格　**创意总监：**保罗·巴克利　**编辑：**约翰·西奇里亚诺

● **插画师：奥德丽·尼芬格**

我重读了一遍《**劝导**》，有了一个封面的灵感，画好草图，方案被通过，画出最终稿，上交，一切顺利。干脆利落。

那次愉快的经历之后，保罗和他的编辑亲切地请我搞定《**理智与情感**》。我当时想小菜一碟，但实际上却不是。我一开始画的草图再现了马克斯·恩斯特拼贴画。太奇怪了，编辑说。奥斯汀迷不会喜欢。接着我又走向另一个极端，画了埃莉诺和玛丽安娴静地手挽手散步。太无聊了，编辑说。然后我把这件事放在一边，过了一段时间，终于在喝茶的时候意识到自己需要一种整洁和野性的结合体。看，茶杯里掀起了风暴。

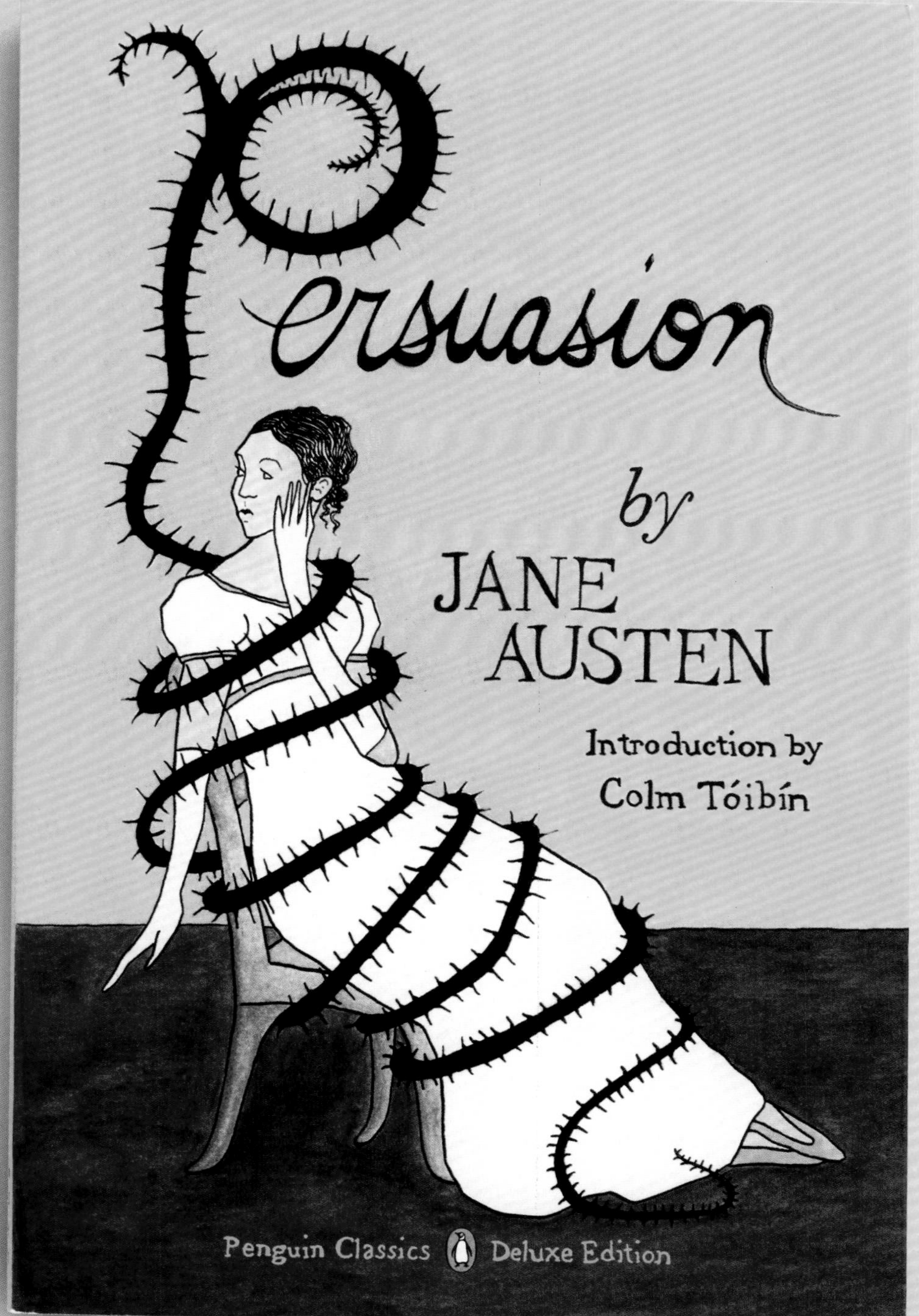
Persuasion
by
JANE
AUSTEN
Introduction by
Colm Tóibín
Penguin Classics Deluxe Edition

Heart of Darkness

黑暗的心　约瑟夫·康拉德

插画师：迈克·米格诺拉　**设计师、创意总监：**保罗·巴克利　**编辑：**艾尔达·鲁特

● 插画师：迈克·米格诺拉

他们问我要不要做**《黑暗的心》**的时候，我第一个冒出来的想法（也是我唯一的想法）："为什么不是《德古拉》？我爱《德古拉》。我了解《德古拉》。我读过《德古拉》。"

我几年来试过好几次，想要读完**《黑暗的心》**，但都没读多少。我知道基本剧情，也觉得我应该会很喜欢——但不知为什么它对我没吸引力。不过，我还是很想试做这部作品的封面，并且觉得如果这次拒绝了，下次他们再也不会找我（这点已经无法验证），所以我答应了——我很高兴，因为我终于有动力去读完整本书。我喜欢库尔茨瘆人的长相，画他应该很有趣，但我知道封面上仅有他还不够。他背对一颗巨大的心脏，我立刻想到这个——会不会太直白？一颗巨大的黑暗的心作为**《黑暗的心》**封面？他们会这么容易同意吗？但我想要画心脏。我觉得除了这个我想不出别的，所以如果他们不喜欢，那么我猜我就出局了——但他们同意了，所以这就是封面。

• 草图，迈克·米格诺拉

HEART OF DARKNESS

JOSEPH CONRAD

Introduction by ADAM HOCHSCHILD

PENGUIN CLASSICS  DELUXE EDITION

Faces of Love:
Hafez and the Poets of Shiraz

爱的模样：哈菲兹和设拉子诗人 哈菲兹

雅翰·马勒克·卡杜、
欧拜德–厄·扎卡尼

插画师：尼克·米萨尼 **创意总监：**保罗·巴克利 **编辑：**埃尔达·鲁特

● **插画师：尼克·米萨尼**

接到的第一个豪华版设计委托竟然是十四世纪波斯（有时还带有同性情色的）爱情诗歌，我兴奋异常。我想表现诗歌的语言和主题——精神的、世俗的、情色的均衡地体现——采用大胆奢华、图像艺术的元素。灵感来源于震慑人心的阿拉伯书法，丰富的装饰性镶边和花形，我创作的东西模仿了那种视觉性的语言。一开始，我觉得这个方向不错，但很快就被迫认识到过于着重历史会断绝所有现代性的联想。不情不愿地承认错误后，我放大了装饰性的笔触，并作了抽象处理，简化了字体，创作的封面受到诗人彼时彼地的启发，但又不会过于局限。

• 草图，尼克·米萨尼

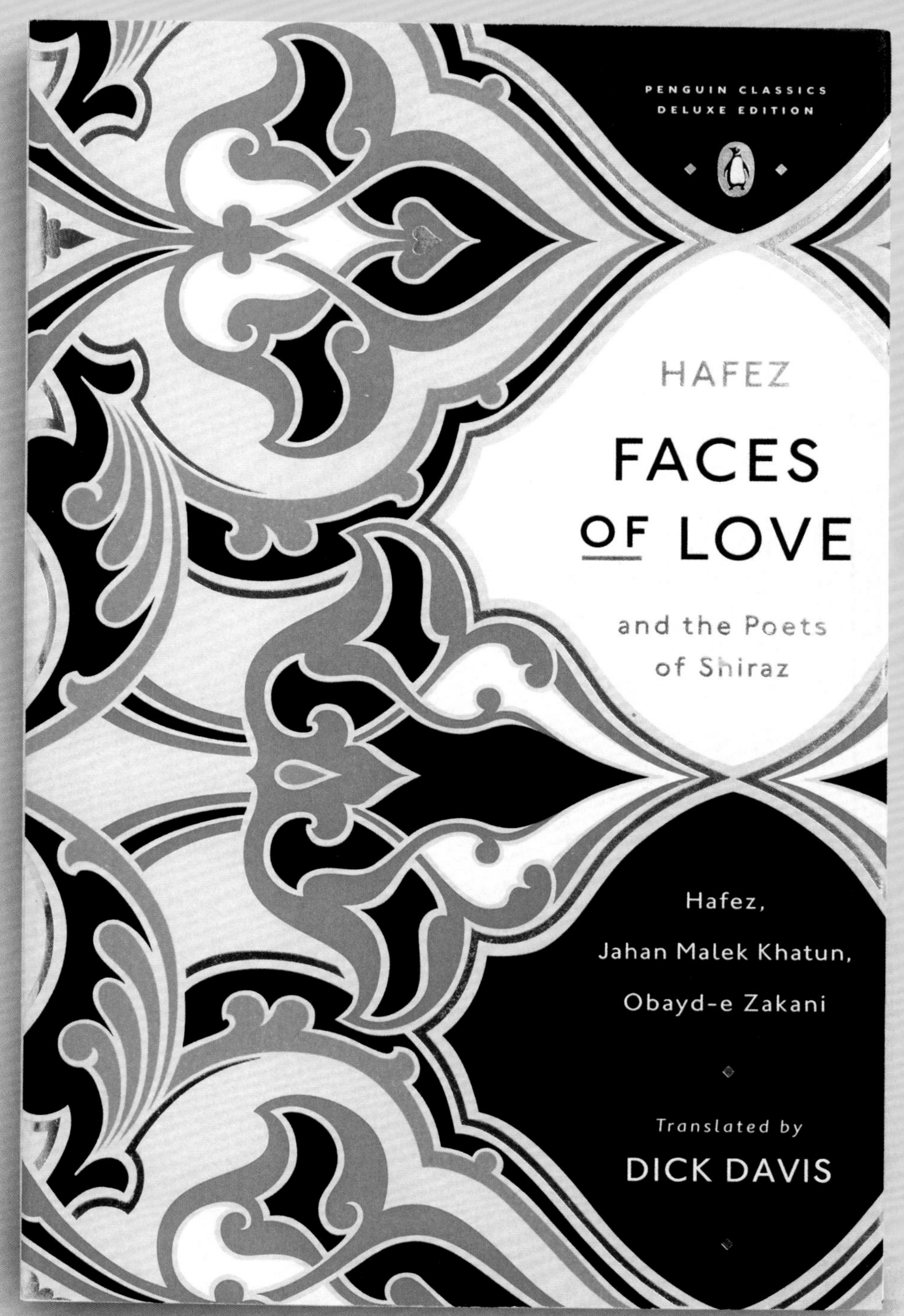
PENGUIN CLASSICS
DELUXE EDITION
HAFEZ
FACES OF LOVE
and the Poets of Shiraz
Hafez,
Jahan Malek Khatun,
Obayd-e Zakani
Translated by
DICK DAVIS

CAST OF CHARACTERS

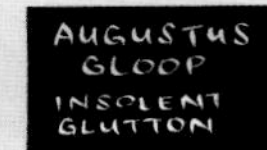

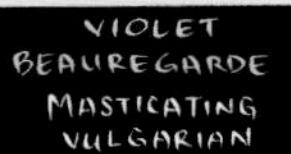

HMF
BANG BANG BANG!

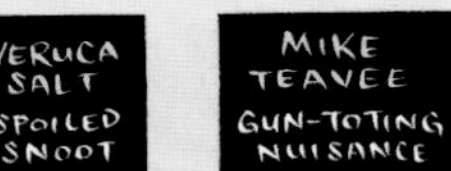

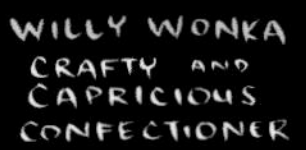

THE GREAT MOUSE PLOT OF 1924

WHAT A MEAN AND LOATHSOME WOMAN!

LATER
COULD I GET A GOBSTOPPER?

EEK!

THEN
AS HEADMASTER, YOUR DUTY IS TO PUNISH THOSE BOYS!

AND SO
YOU'RE NEXT, MR. DAHL...

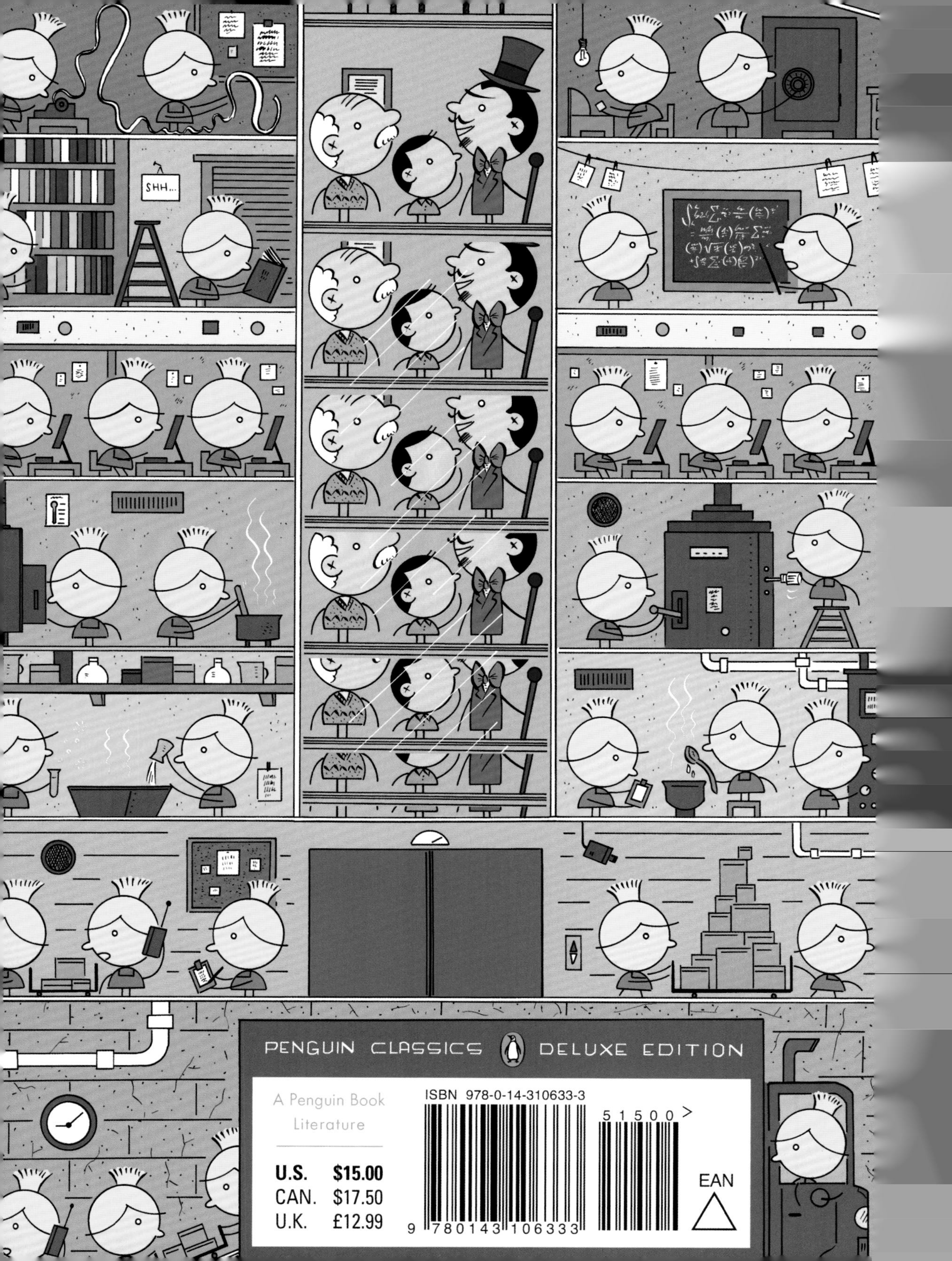
SHH...
PENGUIN CLASSICS DELUXE EDITION
A Penguin Book
Literature
U.S. $15.00
CAN. $17.50
U.K. £12.99
ISBN 978-0-14-310633-3
9 780143 106333
51500 >
EAN

ROALD DAHL
CHARLIE and the CHOCOLATE FACTORY
INTRODUCTION by LEV GROSSMAN
PENGUIN CLASSICS
DELUXE EDITION

Charlie and the Chocolate Factory 查理和巧克力工厂 罗尔德·达尔

插画师：伊万·布鲁内蒂　**创意总监：**保罗·巴克利　**编辑：**约翰·西奇里亚诺

● **插画师：伊万·布鲁内蒂**

一直以来我都很欣赏企鹅的这个系列，由漫画家操刀的封面设计和插画，也常常默默地抱怨自己永远都不会被请去做这个系列，因为说实话，我不够出色。我肯定对着某个我自己都不信的上帝轻声抱怨了许多。然后有一天，莫名其妙地，企鹅请我交出一个封面。也许，不存在的上帝可怜我，或许他只是被我嗡嗡的自我厌恶烦透了。不管怎样，请我给企鹅画点东西、任何东西都是我的第一个惊喜。

第二个惊喜是书：**《查理和巧克力工厂》**。啊？我从没读过，现在说出来我特别不好意思；我也不觉得自己的画风会合适。说实话，我有点糊涂，看了看过去的作品想弄清楚他们到底为什么来找我。我的确给《纽约客》画过一个科幻的、不太现实的实验室，里面有很多小人跑来跑去，从不怎么符合欧几里得（或者牛顿或者爱因斯坦）的角度。也许他们看到了那幅画，觉得实验室也许能转化到巧克力工厂上去。因此，就那张旧图来看，我觉得他们可能想要类似的作品。我终于读了这本书，喜欢得要死，决定1.不去重温小时候看过的吉恩·怀尔德的电影，2.更不去看最新的翻拍，3.用超平面视角/投射来画几张草图，这样就能尽可能多地把叙述信息填充进小小的空间。整个过程中，我都在和胸口、胃部慢慢渗出的酸辣感作斗争，担心我的构思会被立马否决。

第三个惊喜是企鹅和罗尔德·达尔的版权方都同意了这些草图。啊？好

（转下页）

（接上页）

吧，现在我觉得浑身都充满了解酸剂。然后我意识到，真的，现在得动工做真正的封面了（我一直偏好画草图的过程，比我最后的成品要有组织多了）。我开始了惯常的拖延、自我质疑、自我责备、自我厌恶以及纯粹的犯懒过程。我收到了那封不可避免的“呃，你什么时候交最终稿？”的邮件。我体内的天主教乖小孩站了出来，伴随着我惯常的最后一刻的惊慌，我按时交稿了。或者稍微迟了点。我没印象了，唯一有印象的是大家都恨我，我活该。亲爱的企鹅图书：在此，我为自己造成的不便真心致歉。

至于作品，我决定把我抽象的画风更进一步，变成几何地图，我的画笔也变得越来越规矩死板，我始终没办法克服这点，也许成了我的大问题。没有人真的来敲我的门，让我画一张更加缺乏表现力、平面的、反透视的作品，而且没有哪个空间是能汇聚到一点上的。但你懂的，一个人只能尽自己当时的所能，我认为绘画正是持续地、下意识地记录了一个人技巧和精神状态的起伏。

既然这块版面是给我的，我还是借此声明我并不喜欢封面上的烫黄。我想要烫金，和小说更搭，但我猜整个系列已经用过太多金色。所以我们试了一下黄色，但我觉得亮黄色出来的效果有点过于单薄。哎，好吧。我明白为什么设计师选了这个色，的确和我简单、糖果色的画挺搭，如果用金色会太严肃。别人告诉我，我有时候太负面了，但我就是对每件事都抱有疑虑。

第四个惊喜是我去书店找这本书、实地考察的时候。我问店员他知不知道要出新版本了，他说还没出，但电脑显示是的，的确会有一个新版本过几个星期就会出，封面有点“迷幻眩目”。嗯，我和棕色的灯芯绒裤子一样眩目，但管他呢，我就当是夸奖了。

• 草图，伊万·布鲁内蒂

PINK
green letters
brown letters
TV
broad cast
spine
finds golden ticket
CHARL
CHCHAR.

www.penguinclassics.com

Cover illustration: Alex Konahin

ANGELA CARTER
THE BLOODY CHAMBER
PENGUIN CLASSICS DELUXE EDITION
A Penguin Book
Literature
U.S. $16.00
CAN. $18.00
ISBN 978-0-14-310761-3
51600
EAN 9 780143 107613

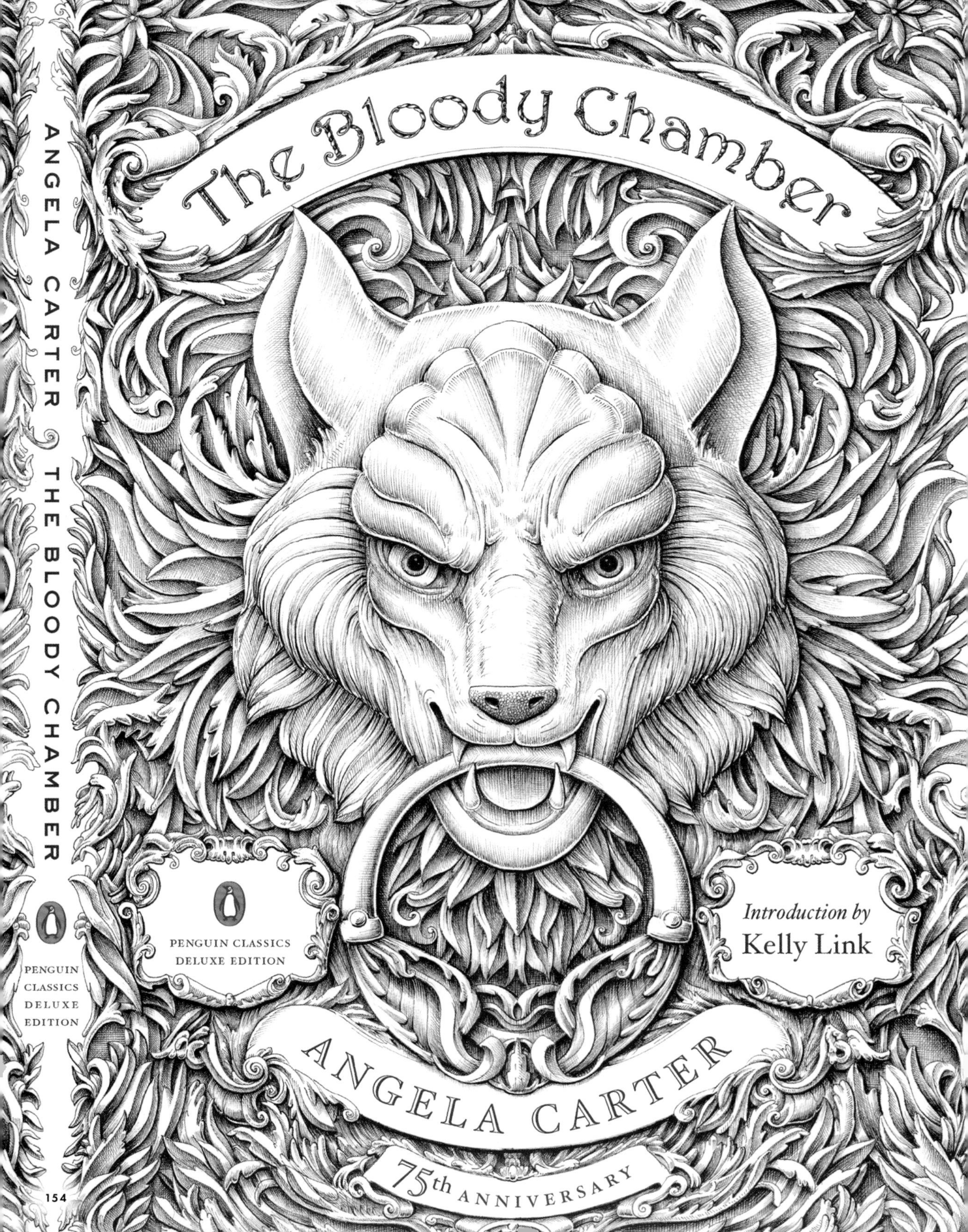

ANGELA CARTER
THE BLOODY CHAMBER
PENGUIN CLASSICS DELUXE EDITION
154
The Bloody Chamber
PENGUIN CLASSICS DELUXE EDITION
Introduction by
Kelly Link
ANGELA CARTER
75th ANNIVERSARY

The Bloody Chamber

染血之室　安吉拉·卡特

插画师：亚历克斯·科纳因　**艺术总监：**林·巴克利　**创意总监：**保罗·巴克利　**编辑：**约翰·西奇里亚诺

● 绘制过程，亚历克斯·科纳因

● 艺术总监：林·巴克利

我请亚历克斯·科纳因画这个封面，因为他古怪、精致又哥特的风格和安吉拉·卡特是绝配。

一开始的几幅草图太杂乱了，融合了太多小说中的意象。我们回到亚历克斯擅长的：一个标志性元素，加以华丽的细节环绕。我们把封面图像的范围缩小到染血之室的大门、一匹狼和一朵百合花。亚历克斯把狼作为门环，前后勒口分别是锁孔和钥匙，巧妙地暗示了城堡的大门。我要求在封底放上风格独特的鸢尾百合纹章——另一个书中的重要细节。

接下来的挑战是：字体和标志怎么融合进去。亚历克斯倾向把所有空间都用之前的花纹填满，但我建议用涡卷饰纹。亚历克斯耐心地反复修改涡卷饰纹，热心地把标题字体搞定。他还给我留了一个赏心悦目的空间来放条形码，我也很喜欢饰纹自然地延伸到勒口。

我们想在电脑上再现亚历克斯细致的线条，所以用一台高精度显示器确认细节并打样。你可能自然而然地想象出单色印刷的效果，但看到实际的黑灰双色的暖度和深度，这个封面很明显胜出了。

Appointment in Samarra 相约萨马拉 约翰·奥哈拉

插画师：奈尔·高尔　**创意总监：**保罗·巴克利　**编辑：**约翰·西奇里亚诺

● 插画师：奈尔·高尔

“品味其中每一个粗俗又到位和……唔，美国的词汇！”——我的推特，写于为了准备设计、刚看了几章的时候。

我一直都知道 1934 年惹眼的封面 *，却从没读过这本书。一开始就能知道奥哈拉在书里写了一场派对；一场暗黑的派对，以出乎我意料的、把握有度的幽默灵巧地呈现。

我的草稿本上写了这些词：“魅力 / 断裂 / 横冲直撞 / 一往无前 / 威吓。”我决定封面设计要像设计一件 T 恤一样，能让人心碎——还要让高杯酒杯破碎——在最低俗的乡村俱乐部的派对上。

*出于设计的对应强迫症，封面上飞驰的绿色汽车乃是直接致敬了阿尔弗雷德·毛瑞尔的原版封面（见右）。

• 照片，詹姆斯·卡明斯书店，纽约，纽约州

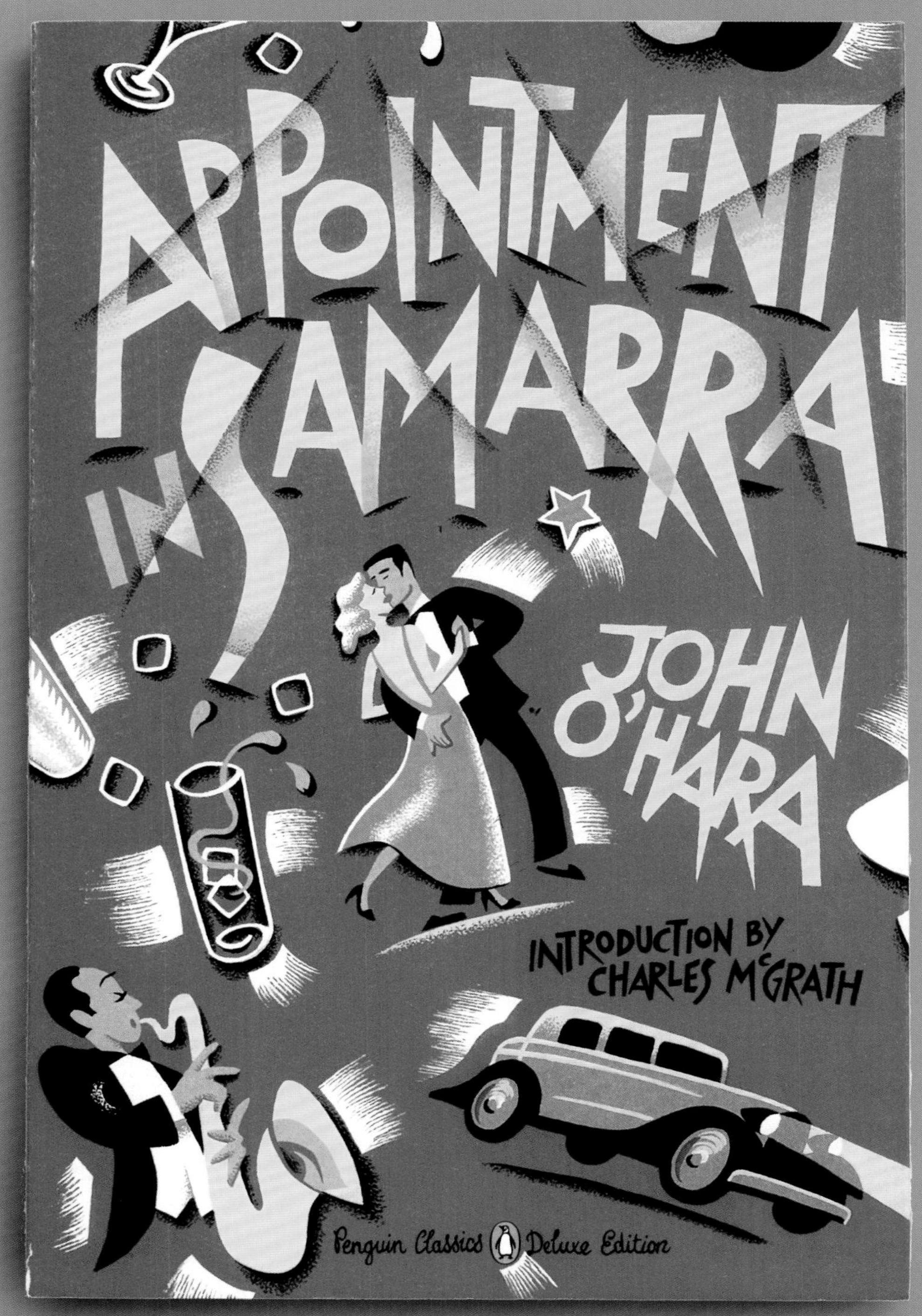
APPOINTMENT IN SAMARRA
JOHN O'HARA
INTRODUCTION BY CHARLES McGRATH
Penguin Classics Deluxe Edition

The Greek Myths

希腊神话　罗伯特·格雷夫斯

插画师：罗斯·麦克唐纳　**创意总监：**保罗·巴克利　**编辑：**约翰·西奇里亚诺

● **插画师：罗斯·麦克唐纳**

第一次和保罗·巴克利讨论这份委托的时候，这似乎是那种“做你想做的”梦幻工作。但我的热情在收到一位助理的邮件后减弱了，因为他们让我参考邮件里的封底文案，照例是寻常的寡淡无味的内容描述。我的第一份草图漂亮、精致、沉稳——一列巨型鬼魅般的众神信步走过有羊群和神庙的经典希腊景象。我发给保罗。委婉来说，他没有被打动。他表达得很清楚，一字一句，说他无法忍受这么平庸的想法。我解释说参考的文案有些限制我的发挥。“哦，”他说，“那是个错误。别去管它。写你想写的吧。”所以我把参考扔到一边，开始读这本书。非常不错——充满了血腥、魔法和历险。希腊众神起源的一篇故事让我想起漫画的黄金年代超人的起源。事实上，我想希腊众神怎么就不算超级英雄呢？当他们淡出这个世界，我们所做的不过是创造新的超级英雄来代替他们。我看看第一份草图，画的是高大的鬼魅般的神越过地平线，渐渐消失。我试想，如果他们还在这里呢？也许他们还在，等着开启新的篇章……

• 草图，罗斯·麦克唐纳

The GREEK MYTHS
Penguin Classics
Deluxe Edition
by
ROBERT GRAVES
With:
ZEUS
ATHENE
HERMES
POSEIDON
IN THE END, THEY SEEMED TO GO SO QUIETLY, GIVEN HOW IT ALL STARTED...
WITH INCEST, BETRAYALS
OOH, SON...
BATTLES, CANNIBALISM, CASTRATION...
DROPS OF BLOOD TURNING INTO FURIES, OR GODDESSES.
THINGS SETTLED DOWN, BUT EVEN THEN IT WASN'T EXACTLY QUIET – FIGHTS BROKE OUT, GODS WERE RUNNING AROUND WITH HUMANS,
Introduction by RICK RIORDAN
author of the PERCY JACKSON AND THE OLYMPIANS series

Jorge Luis Borges

豪尔赫·路易斯·博尔赫斯 系列

《诗歌选集》《非虚构选集》《小说集》

设计师： 保罗·巴克利　**编辑：** 迈克尔·米尔曼

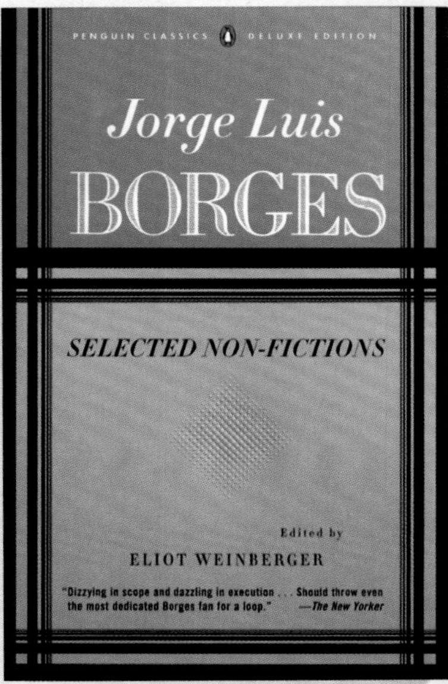

● 设计师：保罗·巴克利

博尔赫斯系列是很久以前的了，但我还是喜欢该系列的样子。要从视觉上展现某个比你聪明百倍的人，不能不说是吓人的任务。而且，整个系列有三本书，非虚构、虚构和诗歌需要协调一致，你被委托找到一条线把它们串起来，用图像来再现这些迥异作品中的天才。

博尔赫斯着迷于物理的和形而上的纷繁复杂。他常常在写作中融入复杂的结构，如迷宫和图书馆，不论是实体的还是精神的，它们都极具想象力——这一点贯穿三书。牢记这一点后，我的主要目标就是把握这种克制的复杂性，在形式上要让这些书能传达出博尔赫斯曾是且依然是一位大家、影响力丝毫不减。同时，我不想自作聪明，那会很蠢，所以我选择了精细的网格结构来暗示主题，但采用了内敛的素压印，凸显他缜密的抽象思考。博尔赫斯在成为阿根廷国家图书馆馆长后不久就失明了，此后也没学会读盲文。

在《关于天赐的诗》中，他写道：

“上帝同时给我书籍和黑夜，
这可真是一个绝妙的讽刺，
我这样形容他的精心杰作，
切莫当成是抱怨或者指斥。”

Jorge Luis
BORGES
SELECTED
POEMS
PENGUIN CLASSICS
DELUXE EDITION
Jorge Luis
BORGES
SELECTED
NON-FICTIONS
PENGUIN CLASSICS
DELUXE EDITION
Jorge Luis
BORGES
COLLECTED
FICTIONS
PENGUIN CLASSICS
DELUXE EDITION

ED NON-FIC

CTED FICT

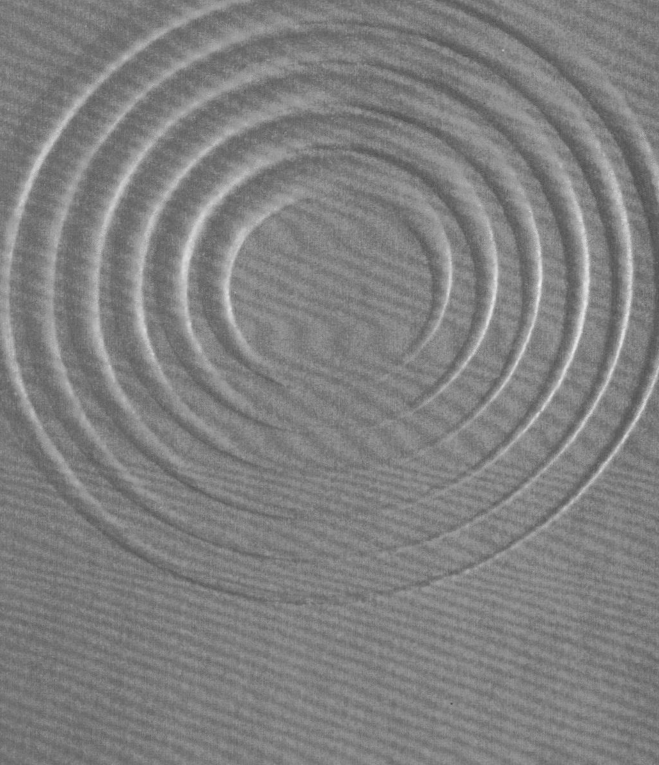

HUR

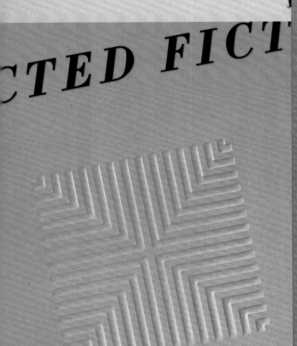

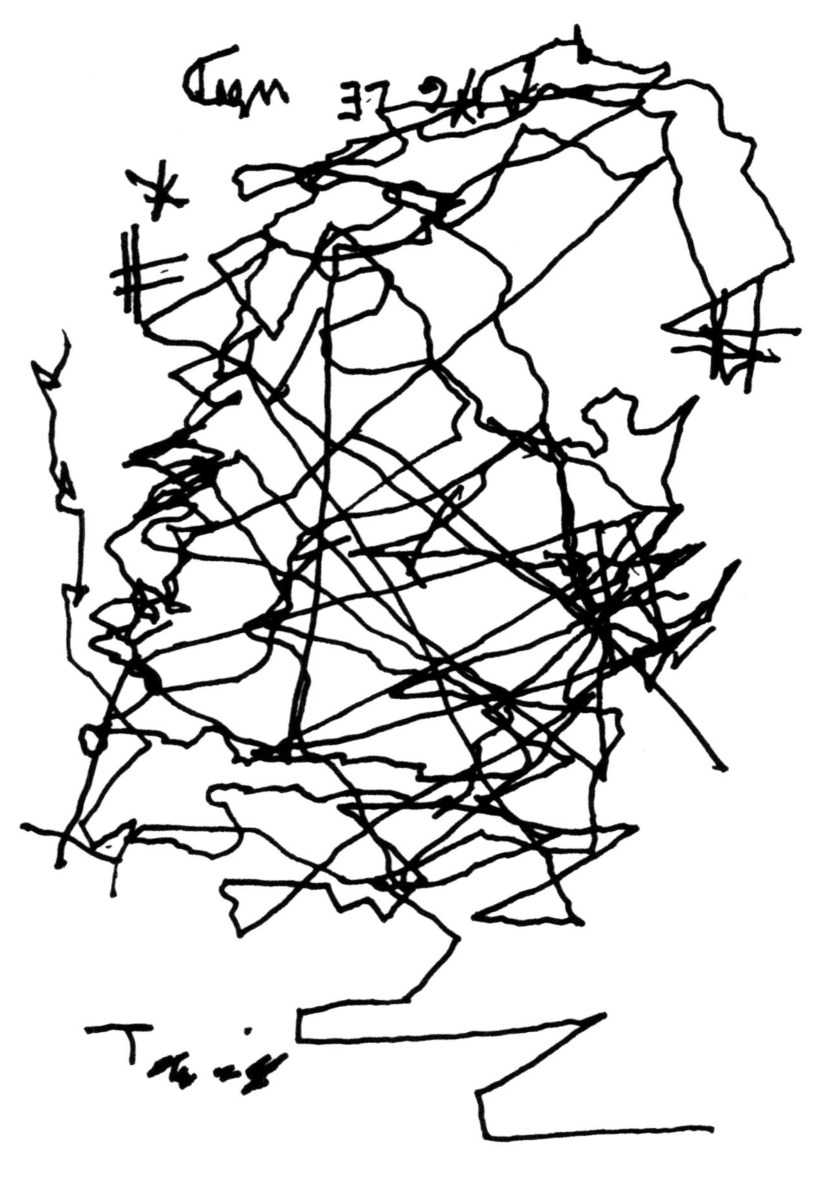

设计师：保罗·巴克利

这是博尔赫斯失明后的自画像，画于纽约著名的、我也很喜欢的斯特兰德书店。据《纽约时报》报道，博尔赫斯画完后走到书店的主层，驻足聆听后说，“你们这儿的书和我们国家图书馆数目相当”。

THE DEATH OF KIN
ARTHUR
THE IMMORTAL
LEGEND
SIR

The Death of King Arthur 亚瑟王之死 重述 彼得·阿克罗伊德

插画师：斯图亚特·科拉科维奇　创意总监：保罗·巴克利　编辑：艾尔达·鲁特

● 创意总监：保罗·巴克利

斯图亚特擅长“藏好娇妻，国王要来了”一类的图像。骷髅头、僧侣、城堡和骏马，巴伐利亚和英国修道院的混搭，但展现出来的完全是现代的边缘和线条的质感。最后的风格极度统一。每一幅都细腻精致，单独拿出来都能做封面。

这本书重述了古老的故事，十分契合故事本身的精神和历史，甚至连原作者——和莎士比亚一样，有人对原作者到底是谁抱有疑问——当时也只是在记录几百年前由人们口口相传、一个村子传到另一个村子的故事；更多的是来自法国的，而非英格兰，所以原文更像翻译作品。人们对原作者的身份有争议，该书普遍认同的成形时期有好几个叫托马斯·马洛礼爵士的。大多数学者认为是原作者的那位托马斯·马洛礼一生之中罪行累累——强奸、谋杀以及数不胜数的盗窃案底。所以，也许你的确不能光靠封面来判断一本书，很明显马洛礼所写的荣誉和品德和他的真实生活没一点关联。他死于监狱，人们认为他是在狱中完成此书的。

Every night as I gazed up at the window
I said softly to myself the word paralysis.
It had always sounded strangely in my ears,
like the word gnomon in the Euclid and the word simony in the Catechism.
But now it sounded to me like the name of some maleficent and sinful being.
It filled me with fear,
and yet I longed to be nearer to it
and to look upon its deadly work.
One by one they were all becoming shades.
Better pass boldly into that other worl in the full glory of some passion,
than fade and wither dismally with age.
The time had come for him to set out on his journey westward.
His soul swooned slowly
as he heard the snow falling faintly through the universe
and faintly falling, like the descent of their last end,
upon all the living and the dead.

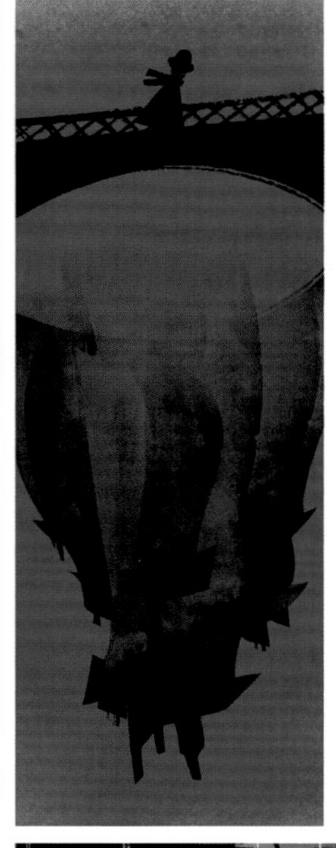

A Penguin Book/Literature
www.penguinclassics.com

Cover by Roman Muradov

PENGUIN CLASSICS DELUXE EDITION

U.S. $17.00
CAN. $19.00
U.K. £9.99

ISBN 978-0-14-310745-3

JAMES JOYCE
DUBLINERS
Centennial Edition
Foreword by Colum McCann
PENGUIN CLASSICS
DELUXE EDITION

Dubliners

都柏林人　詹姆斯·乔伊斯

插画师：罗曼·穆拉多夫　**创意总监：**保罗·巴克利　**编辑：**约翰·西奇里亚诺

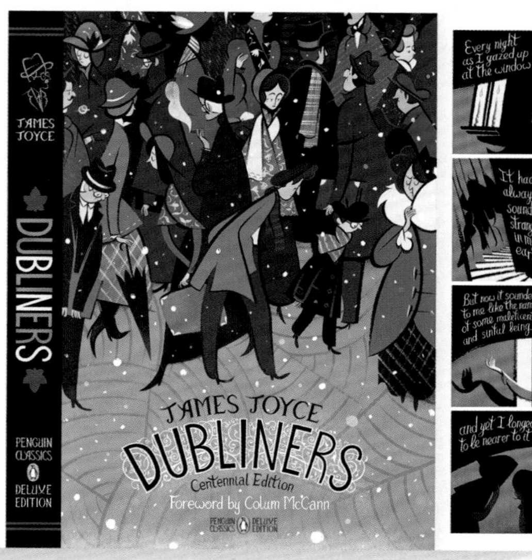

创意总监：保罗·巴克利

罗曼的艺术和技术水平十分独特，无可挑剔，一个艺术总监只要点出方向，舒舒服服静候佳音。我们每一本经典的背后都有这种“放手去干吧，并且好好享受”的态度。我不想低估任何艺术总监的工作，尤其是我自己，当然给书或系列找到匹配的艺术家是需要技巧的，但如果从一开始就找对了人、不要过度指手画脚，总能得到最好的结果。为了说明这点，以下列举了我们的邮件往来，给你们看看，如果你能三生有幸和罗曼·穆拉多夫合作，一切将会是那么顺畅。

保罗·巴克利：“《都柏林人》是写于世纪之交的都柏林中产阶级群像。许多封面都着重于当时的建筑、风景和都柏林镇。我们不喜欢。我们想要人物。这是我的方向——请尽情享受吧。”

罗曼·穆拉多夫：“保罗，多谢！很荣幸能做这个封面。詹姆斯·乔伊斯是我最喜欢的作家之一（《尤利西斯》一直放在我的书桌上），我还是企鹅经典系列的忠实读者。事实上，我有点受宠若惊，但我会调整好心态的！以前的封面艺术家都以独特的方式利用勒口等部分，我很喜欢，我觉得《都柏林人》从主题和结构上都非常适合这种处理方法。请告知我细节。同时我也会再读一遍这个系列。”

• 细节，罗曼·穆拉多夫

"To live,
to err,
to fall,
to triumph...

...to recreate
life
out of
life!"

PENGUIN CLASSICS DELUXE EDITION

"I will try to express myself in some mode of life or art as freely as I can and as wholly as I can, using for my defence the only arms I allow myself to use – silence, exile, and cunning."

JAMES JOYCE

A PORTRAIT OF THE ARTIST AS A YOUNG MAN

豪华经典

A Penguin Book / Literature
www.penguinclassics.com

Cover by Roman Muradov

PENGUIN CLASSICS DELUXE EDITION

U.S. $17.00
CAN. $23.00
U.K. £11.99

ISBN 978-0-14-310824-5

EAN 9 780143 108245

PENGUIN CLASSICS DELUXE EDITION

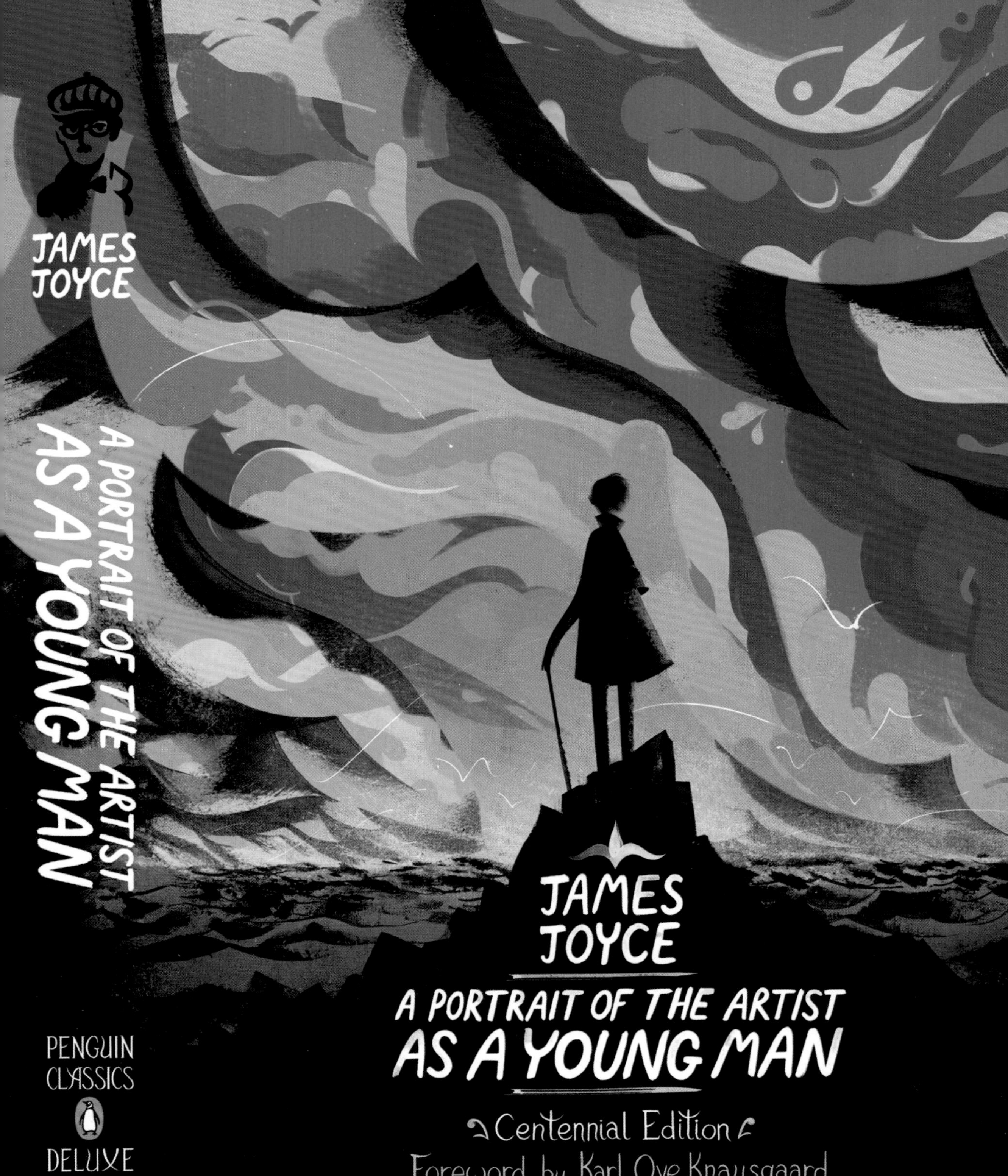
JAMES JOYCE
A PORTRAIT OF THE ARTIST AS A YOUNG MAN
PENGUIN CLASSICS
DELUXE
JAMES JOYCE
A PORTRAIT OF THE ARTIST
AS A YOUNG MAN
Centennial Edition
Foreword by Karl Ove Knausgaard

A Portrait of the Artist as a Young Man

青年艺术家画像　詹姆斯·乔伊斯

插画师：罗曼·穆拉多夫　**创意总监：**保罗·巴克利　**编辑：**约翰·西奇里亚诺

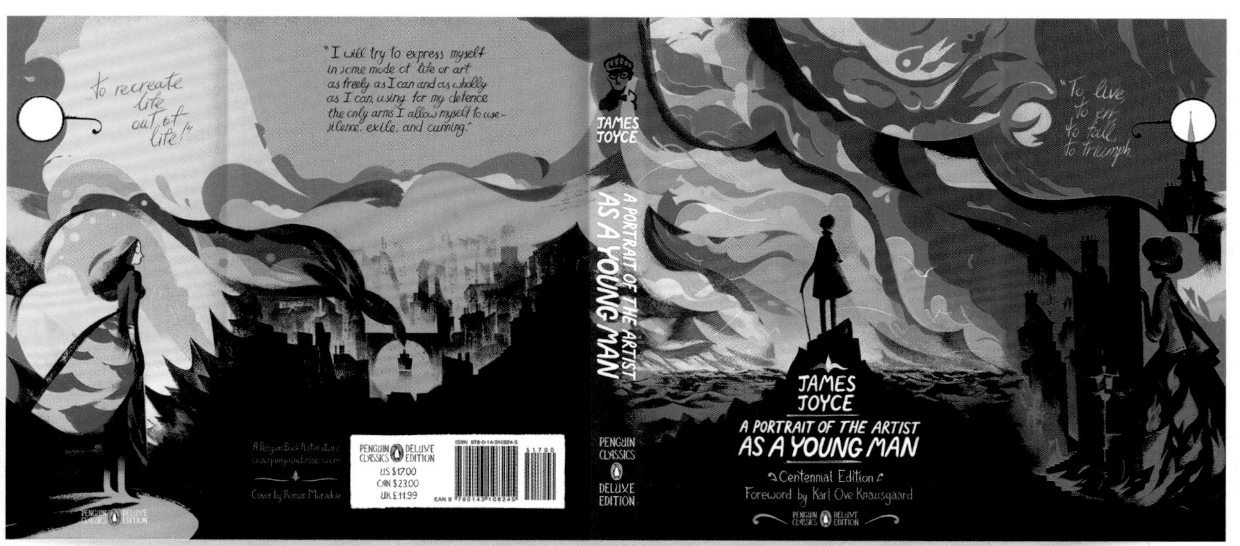

to recreate life out of life!
"I will try to express myself in some mode of life or art as freely as I can and as wholly as I can, using for my defence the only arms I allow myself to use - silence, exile, and cunning."
JAMES JOYCE
A PORTRAIT OF THE ARTIST AS A YOUNG MAN
PENGUIN CLASSICS
DELUXE EDITION
US $17.00
CAN $23.00
UK £11.99
"To live, to err, to fall, to triumph
JAMES JOYCE
A PORTRAIT OF THE ARTIST AS A YOUNG MAN
Centennial Edition
Foreword by Karl Ove Knausgaard

● **插画师：罗曼·穆拉多夫**

我第一次读**《画像》**地狱之火的布道部分是在酷刑般无聊的毕业典礼上，由此可见，乔伊斯对我而言意味非凡。

两本书的封面，我从一开始就知道要画什么。**《都柏林人》**：俯视一群冻结在移动和瘫痪状态中的人，《姐妹们》和《死者》在勒口处汇合。**《画像》**：模仿乔伊斯笔触的色彩，无限的流动，主人公诗意的剪影在黑漆漆的正中心。

在《都柏林人》封面之后，我和保罗在一家昏暗的卡拉OK酒吧碰头，并且坚定地拒绝和他合唱。我或许有、或许没有说到，我觉得"Ice Ice Baby"这首歌要比"Under Pressure"好太多。这个观点让很多人都和我绝交了，所以两年后收到保罗简短的询问"做《青年艺术家画像》怎么样？"时，我是很惊讶的。

我交了份草图，他说看上去和《雾海上的漫游者》——一幅著名的19世纪油画一模一样，但我从没见过。他这么说我其实一点也不开心——我无意中的抄袭，斯蒂芬错误的引证，把浪漫的意象放在鼻涕绿的海上。这些我都写下来了，还把"Ice Ice Baby"的许多（四段）内容删掉，然后他同意了我的画稿。

好了，希望到《尤利西斯》2022年百年纪念的时候我们都活着：我，保罗·巴克利，企鹅，整个宇宙和乔伊斯。

• 雾海上的漫游者，约1818年，卡斯帕尔·大卫·弗里德里希

Drop

大写

AUTHOR
C A P S
字母
TITLE

Drop CAPS

大写字母 系列　作画：杰西卡·希舍尔

《傲慢与偏见》《简·爱》《我的安东尼亚》《远大前程》《米德尔马契》《包法利夫人》《蝇王》《悉达多》《浮世画家》《青年艺术家画像》《蜜蜂的秘密生活》《说母语的人》《白鲸》《五个孩子和一个怪物》《巴特菲尔德八号》《在斯万家那边》《希腊棺材之谜》《哈伦与故事之海》《罐头厂街》《喜福会》《克里斯汀的一生：花环》《老实人》《草叶集及诗歌散文集》《天葬》《当你老了》《风之影》

设计师、创意总监：保罗·巴克利　**系列编辑：**艾尔达·鲁特

CATHER · MY ANTONIA
DICKENS · GREAT EXPECTATIONS
ELIOT · MIDDLEMARCH
GOLDING · LORD OF THE FLIES
HESSE · SIDDHARTHA
ISHIGURO · AN ARTIST OF THE FLOATING WORLD
JOYCE · A PORTRAIT OF THE ARTIST AS A YOUNG MAN
KIDD · THE SECRET LIFE OF BEES
LEE · NATIVE SPEAKER
MELVILLE · MOBY-DICK; OR, THE WHALE
NESBIT · FIVE CHILDREN AND IT
O'HARA · BUTTERFIELD 8
PROUST · SWANN'S WAY
QUEEN · THE GREEK COFFIN MYSTERY
RUSHDIE · HAROUN AND THE SEA OF STORIES
STEINBECK · CANNERY ROW
TAN · THE JOY LUCK CLUB
UNDSET · KRISTIN LAVRANSDATTER
WHITMAN · LEAVES OF GRASS

● **插画师：杰西卡·希舍尔**

企鹅**大写字母系列**，在我看来，难度最大的地方在于插画和点缀不能过于直白。当然，有时候书籍封面直接用小说元素完全行得通（就像普鲁斯特——烂大街的玛德琳蛋糕怎么能不考虑呢？）；但其他的封面，我想更委婉些，去影射作品基调、色调和背景。我知道很多人看到这些封面时以为我们随便找了点维多利亚风格的花体字，但我们每个人真的都煞费苦心地去研发。此外，给经典设计封面最可怕的事莫过于你心里知道这本书已经有很多人读过（甚至是书迷），但你需要兼顾老读者和新读者。

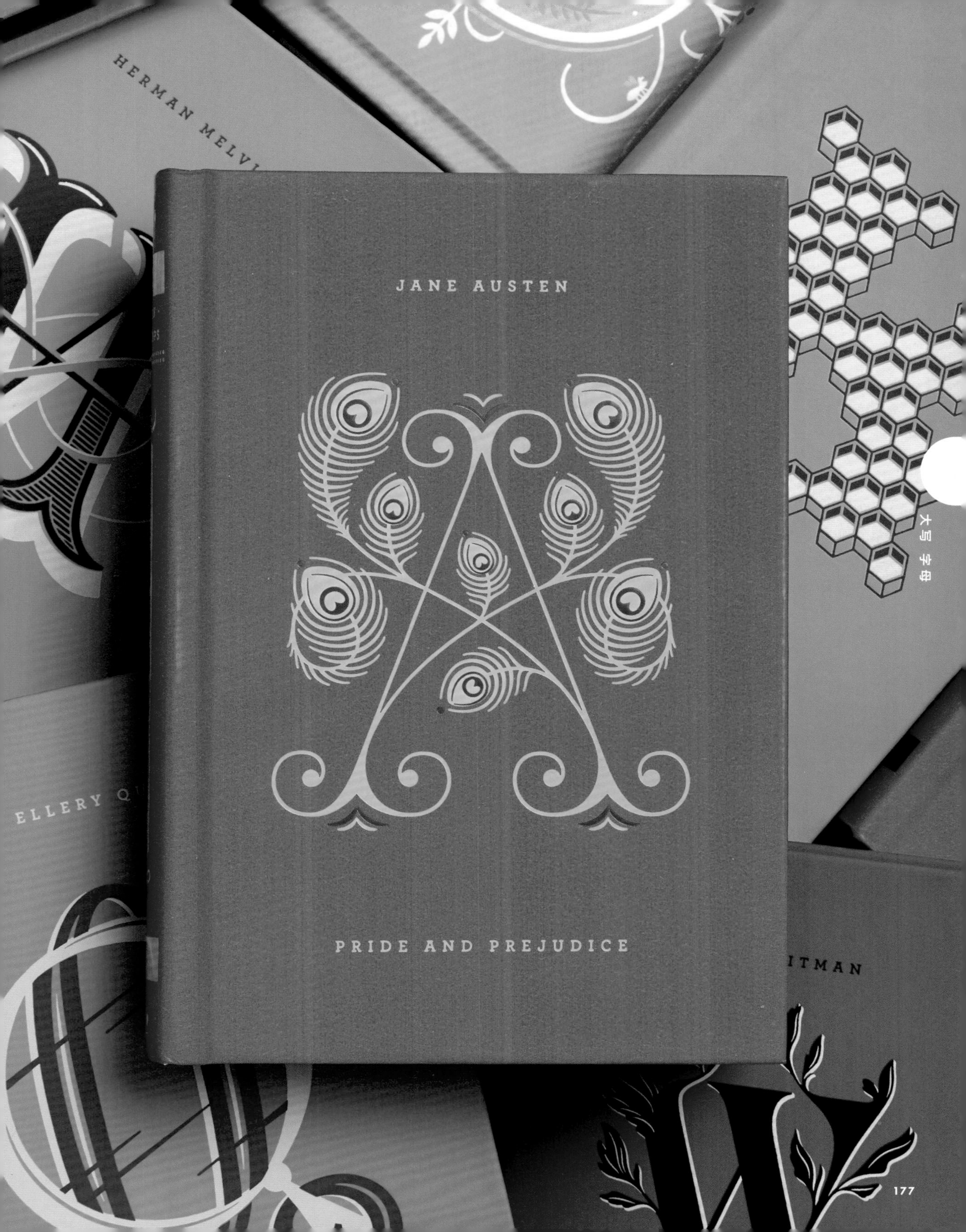

JANE AUSTEN

PRIDE AND PREJUDICE

PRIDE AND PREJUDICE

CHARLOTTE BRONTË
B
JANE EYRE

WILLA CATHER
C
MY ÁNTONIA

CHARLES DICKENS
D
GREAT EXPECTATIONS

GEORGE ELIOT
E
MIDDLEMARCH

MA

WILLIAM GOLDING
LORD OF THE FLIES

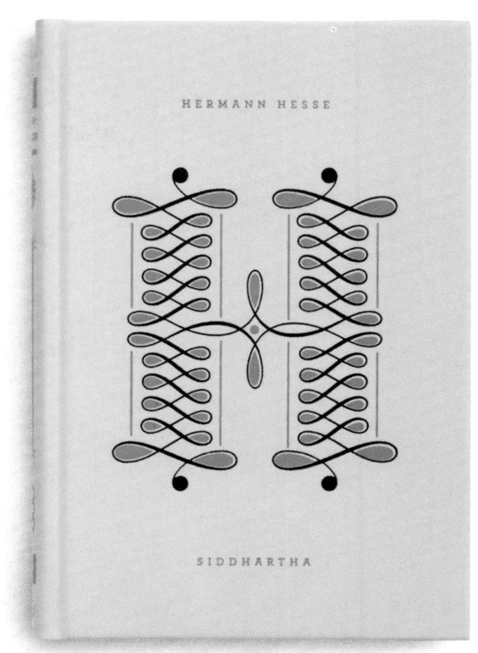
HERMANN HESSE
SIDDHARTHA

KAZUO ISHIGURO
AN ARTIST OF THE FLOATING WORLD

JAMES JOYCE
A PORTRAIT OF THE ARTIST
AS A YOUNG MAN

JOYCE
A PORTRAIT OF
AS A
RTIST AS A YOUNG MAN

SUE MONK KIDD

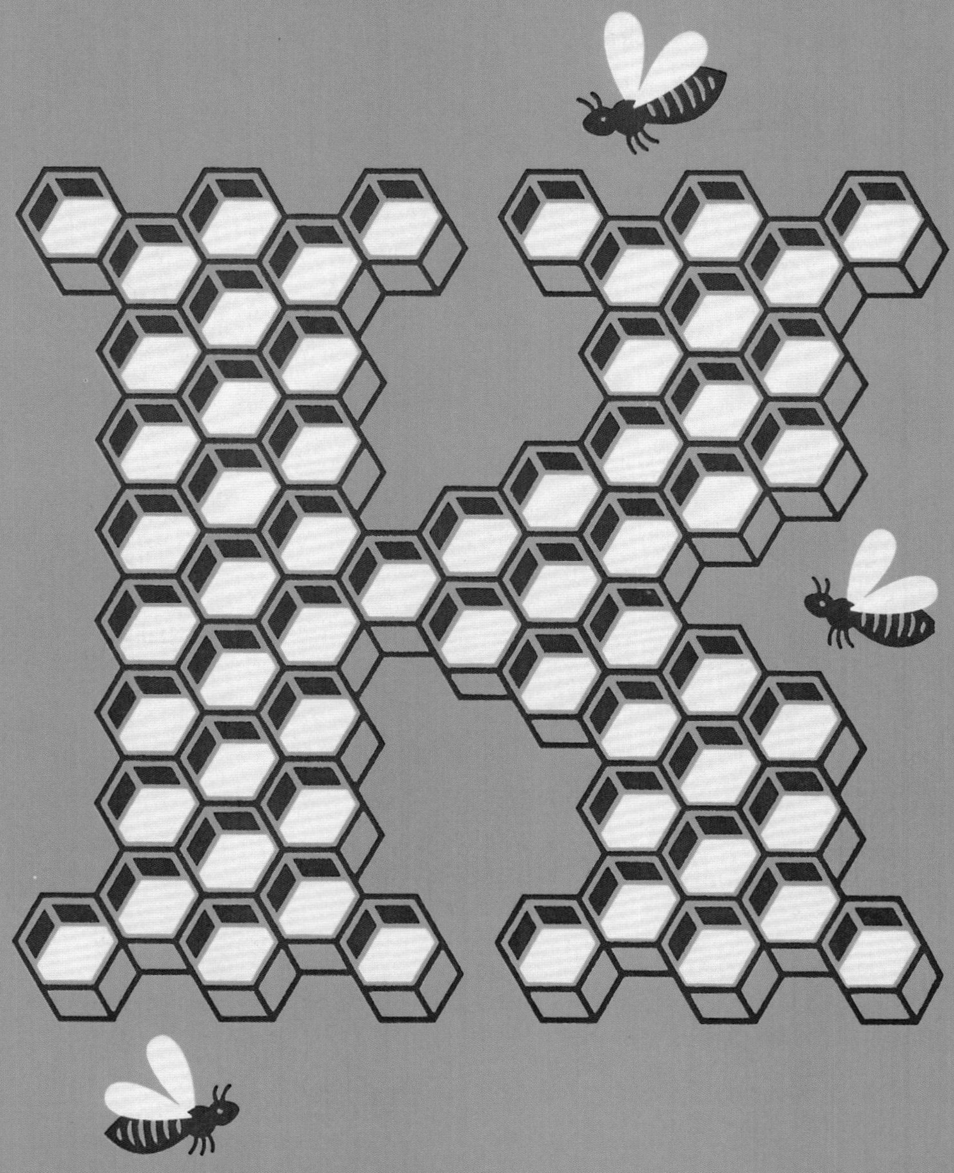

THE SECRET LIFE OF BEES

CHANG-RAE
SPEAKER

HERMAN MELVILLE
MOBY-DICK
OR, THE WHALE

E. NESBIT
FIVE CHILDREN AND IT

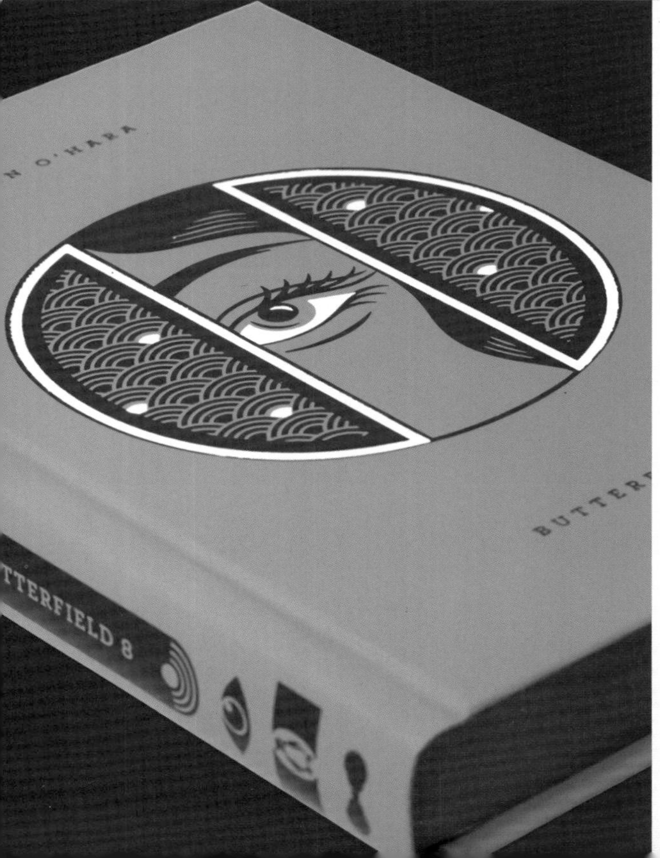
N O'HARA
BUTTERF
TTERFIELD 8

MARCEL PROUST
SWANN'S WAY

ELLERY QUEEN
THE GREEK COFFIN MYSTERY

SALMAN RUSHDIE
HAROUN AND THE
SEA OF STORIES

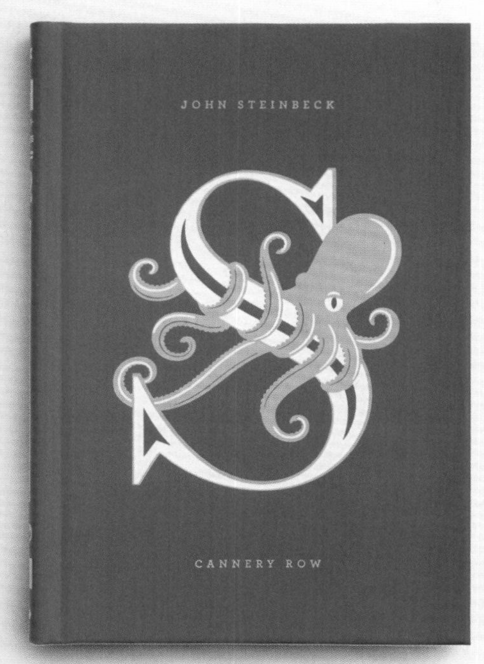
JOHN STEINBECK
CANNERY ROW

AMY TAN
THE JOY LUCK CLUB

SIGRID UNDSET
KRISTIN LAVRANSDATTER
THE WREATH

VOLTAIRE
CANDIDE
OR OPTIMISM

大写字母

WALT WHITMAN
LEAVES OF GRASS
AND SELECTED POEMS AND PROSE

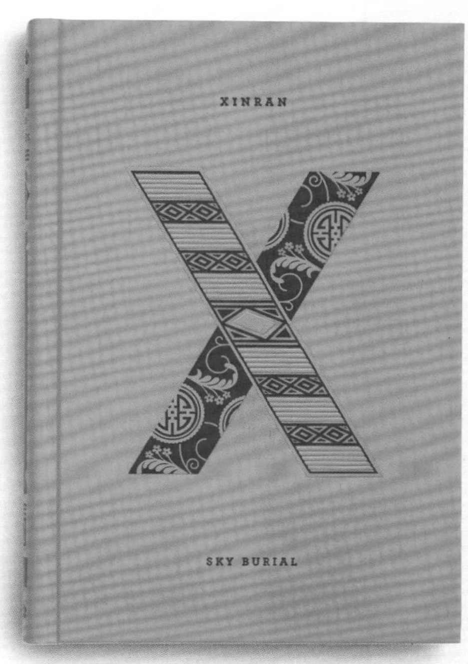
XINRAN
SKY BURIAL

XIN
SKY BURIAL

W. B.

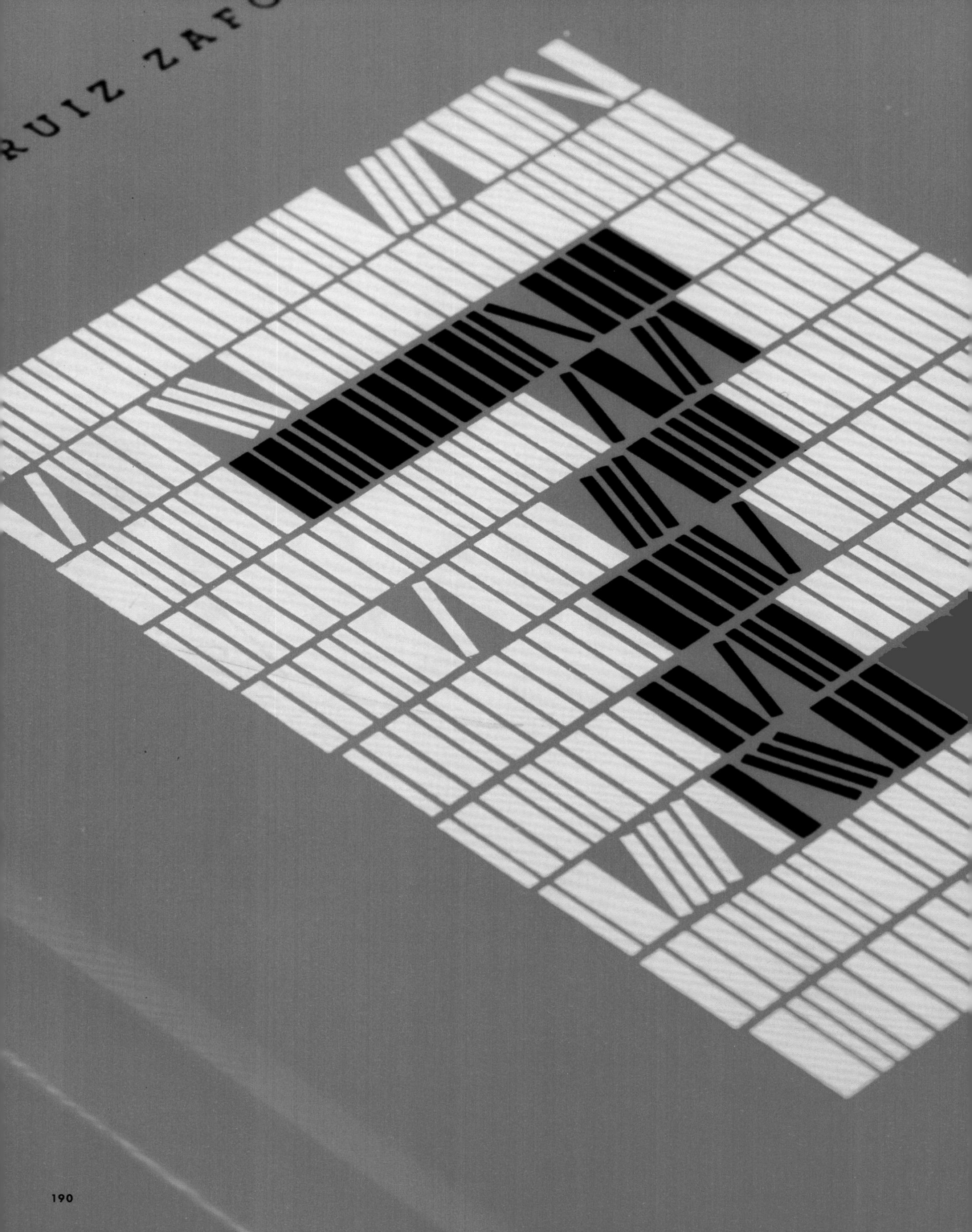
RUIZ ZAFO

● 设计师、创意总监：保罗·巴克利

我真心喜欢做系列设计，企鹅经典的系列创意满满，让人格外有成就感。这个系列之初，我去找艾尔达·鲁特给她看我一直在思考的三个想法——两个或多或少受其他艺术家启发，第三个则是在看到杰西卡·希舍尔在自己的网站dailydropcap.com上做的大写字母样本，我相信我们能够以大写字母为特色，做一个出挑的系列。我这三个不成形的想法中，艾尔达最喜欢第三个。她立刻开始想A到Z字母打头的26本书，让我也更加跃跃欲试。我想到了用色谱，把这么多书以明亮鲜艳的彩虹色呈现，会成为书架上的珍物。

很多人问我，"为什么那么多书都给一个人做？我们其他系列都是找好几个艺术家，这次为什么不可以？"我的确考虑过这个问题，用时5秒——我是想找26个字体设计师还是只要杰西卡。说到底，是她的作品让我们蠢蠢欲动，理所当然地项目归她。我们只希望她有空也有意愿做26本书，幸好她答应了。

很明显，这套书是有收藏价值的——我是实体书设计师，所以我不会分裂地去想"这本书能做实体，那本书不行。"有些书确实机遇好，预算多，做出来的实体更好看——但我们的目的是在有限的条件下做最好的，不论是烤面包还是建艺术博物馆。读者买经典读物有无数种选择。如果你是学生，只需要实惠的《伊利亚特》上课用，你可能会买最便宜的。如果年纪大一点、想收藏更精美的……正好，我们有许多漂亮的书，它们还恰巧都是文学佳作，值得购买。

杰西卡做事非常到位，也容易相处。每个字母，她通常会给我们四到六种草图，由我和企鹅团队一起审核。一旦我们确定了方向，我会请她做出成品。她之后会给我一份黑白的双图层Illustrator

（转下页）

（接上页）

文件。接着，我们试了一系列打样机调色、找出两个能用在色谱背景上的烫金色。我又设计了书脊、封底和封面上二级标题的字体。但金属箔非常难做，会糊版，颜色上去后看上去就像透明的薄膜。这是我碰到过最棘手的产品，我想要用的很多颜色最后都不得不放弃，因为只能挑选适合纸张颜色的。感觉像是噩梦，当中做了不少妥协才走到这一步。

• 过程截屏，保罗·巴克利

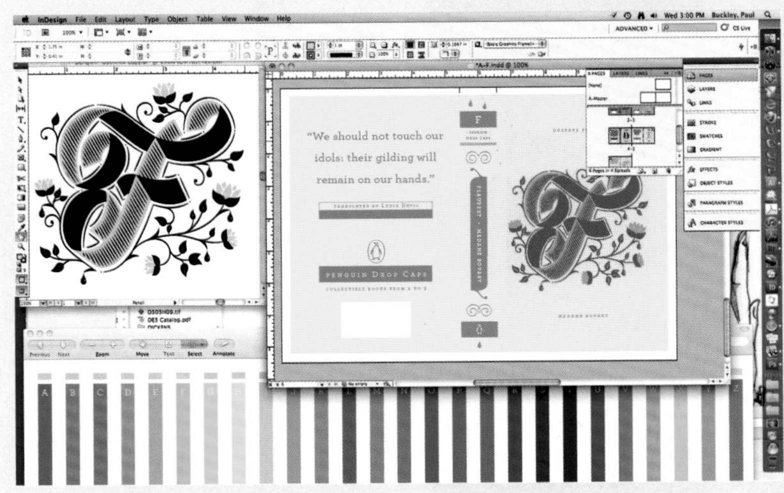

• 铺展开的大写字母系列封面，保罗·巴克利

保罗·巴克利：布里安娜·哈登（左）和克丽斯滕·哈夫（万娜·怀特）都在这个系列中帮了我大忙。

• 选色过程，保罗·巴克利

A
- PENGUIN -
DROP CAPS
AUSTEN • PRIDE AND PREJUDICE
B
- PENGUIN -
DROP CAPS
BRONTË • JANE EYRE
C
- PENGUIN -
DROP CAPS
CATHER • MY ÁNTONIA
D
- PENGUIN -
DROP CAPS
DICKENS • GREAT EXPECTATIONS

F
PENGUIN DROP CAPS
FLAUBERT · MADAME BOVARY
G
- PENGUIN -
DROP CAPS
GOLDING · LORD OF THE FLIES
H
PENGUIN
DROP CAPS
HESSE · SIDDHARTHA
I
- PENGUIN -
DROP CAPS
ISHIGURO · AN ARTIST OF THE FLOATING WORLD
J
- PENGUIN -
DROP CAPS
JOYCE · A PORTRAIT OF THE ARTIST AS A YOUNG MAN
K
- PENGUIN -
DROP CAPS
KIDD · THE SECRET LIFE OF BEES
L
- PENGUIN -
DROP CAPS
大写字母
LEE · NATIVE SPEAKER

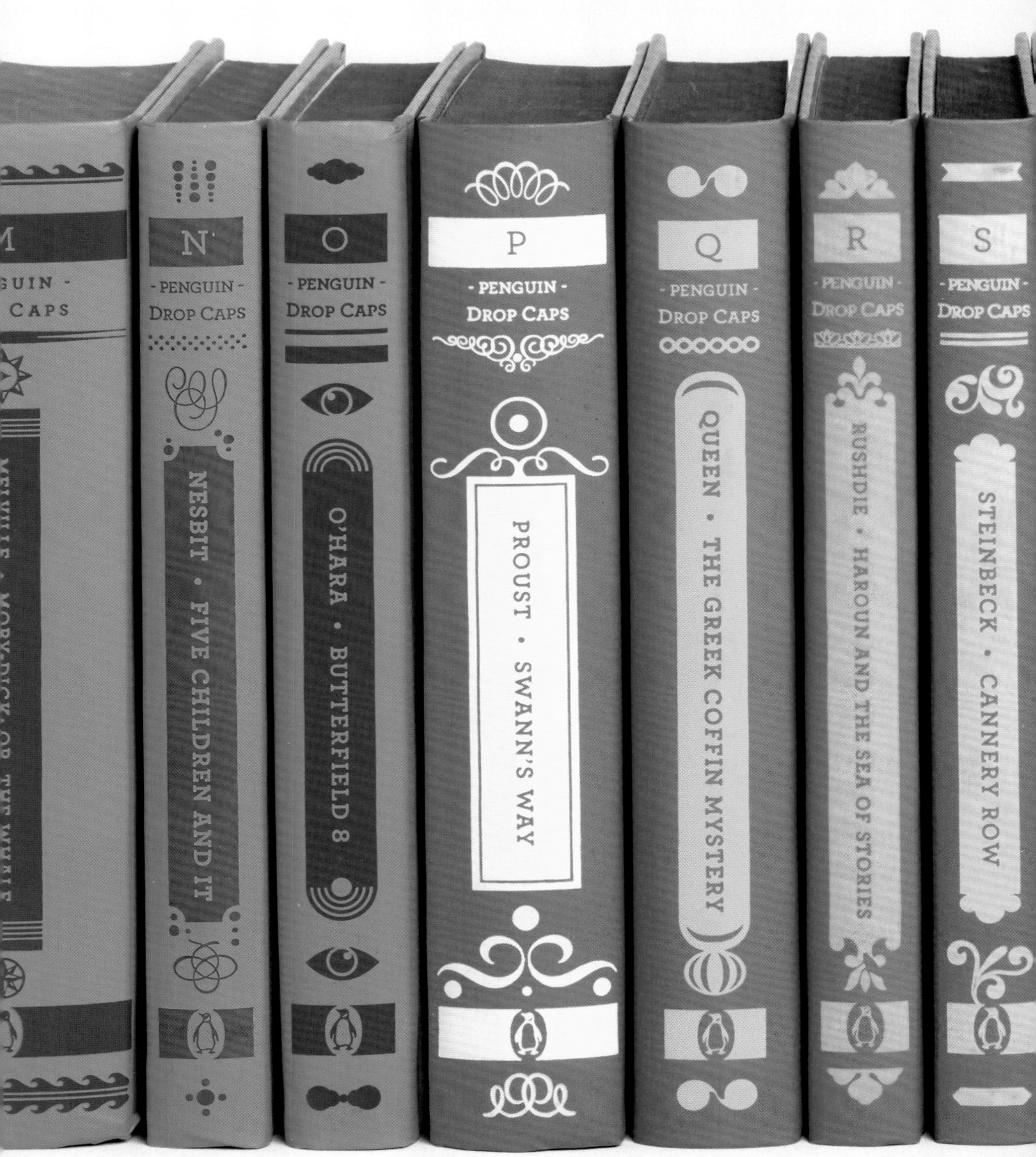
N
- PENGUIN -
DROP CAPS
NESBIT · FIVE CHILDREN AND IT
O
- PENGUIN -
DROP CAPS
O'HARA · BUTTERFIELD 8
P
- PENGUIN -
DROP CAPS
PROUST · SWANN'S WAY
Q
- PENGUIN -
DROP CAPS
QUEEN · THE GREEK COFFIN MYSTERY
R
- PENGUIN -
DROP CAPS
RUSHDIE · HAROUN AND THE SEA OF STORIES
S
- PENGUIN -
DROP CAPS
STEINBECK · CANNERY ROW

U
- PENGUIN -
DROP CAPS
UNDSET • KRISTIN LAVRANSDATTER
V
- PENGUIN -
DROP CAPS
VOLTAIRE • CANDIDE
W
- PENGUIN -
DROP CAPS
WHITMAN • LEAVES OF GRASS
X
- PENGUIN -
DROP CAPS
XINRAN • SKY BURIAL
Y
- PENGUIN -
DROP CAPS
YEATS • WHEN YOU ARE OLD
Z
- PENGUIN -
DROP CAPS
ZAFÓN • THE SHADOW OF THE WIND

"How much
sooner one tires
any thing
PENGUIN DROP CAPS
LEE · NATIVE SPEAKER
NESBIT · FIVE CHILDREN AND IT
O'HARA · BUTTERFIELD 8
PROUST · SWANN'S WAY
QUEEN · THE GREEK COFFIN MYSTERY
RUSHDIE · HAROUN AND THE SEA OF STORIES

PRIDE AND PREJUDICE
JANE EYRE
MY ANTONIA
GREAT EXPECTATIONS
MIDDLEMARCH
WILLIAM GOLDING
LORD OF THE FLIES
HERMANN HESSE
SIDDHARTHA
KAZUO ISHIGURO
AN ARTIST OF THE FLOATING WORLD
JAMES JOYCE
A PORTRAIT OF THE ARTIST
AS A YOUNG MAN
SUE MONK KIDD
CHANG-RAE LEE
NATIVE SPEAKER
HERMAN MELVILLE
MOBY-DICK
OR, THE WHALE
E. NESBIT
FIVE CHILDREN AND IT
JOHN O'HARA
BUTTERFIELD 8
MARCEL PROUST
SWANN'S WAY
ELLERY QUEEN
THE GREEK COFFIN MYSTERY
SALMAN RUSHDIE
HAROUN AND THE
SEA OF STORIES
JOHN STEINBECK
CANNERY ROW
AMY TAN
THE JOY LUCK CLUB
SIGRID UNDSET
VOLTAIRE
WALT WHITMAN
XINRAN
W. B. YEATS

Civic

公 民

CLASSICS

经典

INTRODUCTION BY RICHARD BEEMAN

Civic CLASSICS

公民经典 系列 设计：克雷格·库里克

《独立宣言与美国宪法》《常识》《联邦论》《林肯演讲集》《美国政治演讲》《美国最高法院判决》

创意总监：保罗·巴克利　**系列编辑：**理查德·比曼　**编辑：**艾尔达·鲁特

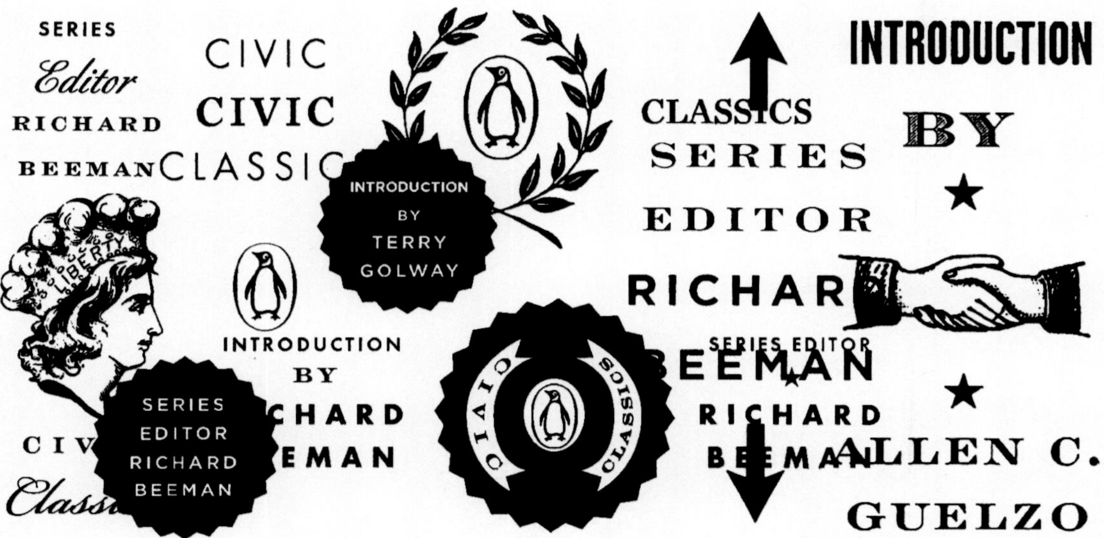

• 公民经典图案，克雷格·库里克

● **设计师：克雷格·库里克**

我从2007年冬天开始在企鹅图书工作，在保罗·巴克利的艺术部。每一季我都期待保罗能让我做上系列封面，一个系列就行！冬去春来，秋意取代暑热，我的期待每到冰冷灰暗的冬天也随之黯淡。

公民经典出版计划提出的时候，原本要找谢泼德·费尔雷设计所有封面，尤其是他因为奥巴马HOPE海报成名后，他似乎是合乎逻辑的人选。但因为海报的法律问题使他无法就这个系列的协议与企鹅达成一致，所以他决定不做了。与此同时，我每隔一周都会给保罗提出自己的构思，所以谢泼德放弃**公民经典**后，保罗为了嘉奖我的坚持不懈（或者让我停止叨叨）委托了我。而且他还坚持要我一个人做。在企鹅监狱长巴克利的手下熬了五年，我终于被保释了。耶！

公民经典系列共涵括六本书，每一本都对我们国家的历史至关重要。我想让每一本的封面新旧结合，令人联想到作品的历史并同时展望未来。历史上存在过的意象和新字体的混合，或者反之，视觉效果很不错。当然，问题在于我想用红白蓝三色，感觉有点太多了——几近粗劣。偶然有一次我做了一个黑白的封面，原本花里胡哨的突然变得干净有层次了。这绝对是我职业生涯中最自豪的项目之一。

INTRODUCTION
BY
RICHARD
BEEMAN

SERIES EDITOR
★
RICHARD
BEEMAN

COMMON
SENSE

THOMAS PAINE

CIVIC  CLASSICS

INTRODUCTION BY RICHARD BEEMAN

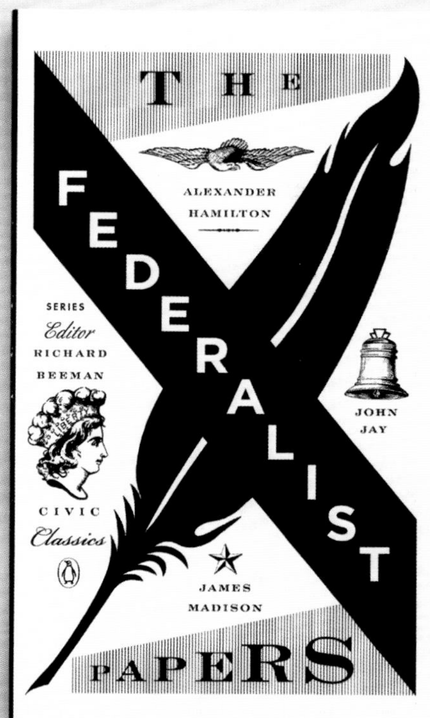
THE
FEDERALIST
ALEXANDER
HAMILTON
SERIES
Editor
RICHARD
BEEMAN
JOHN
JAY
CIVIC
Classics
JAMES
MADISON
PAPERS

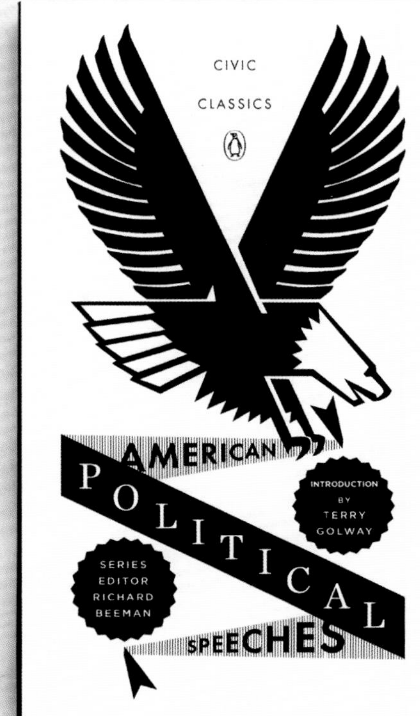
CIVIC
CLASSICS
AMERICAN
POLITICAL
INTRODUCTION
BY
TERRY
GOLWAY
SERIES
EDITOR
RICHARD
BEEMAN
SPEECHES

LINCOLN
SERIES
EDITOR
RICHARD
BEEMAN
INTRODUCTION
BY
ALLEN C.
GUELZO
SPEECHES
CIVIC CLASSICS

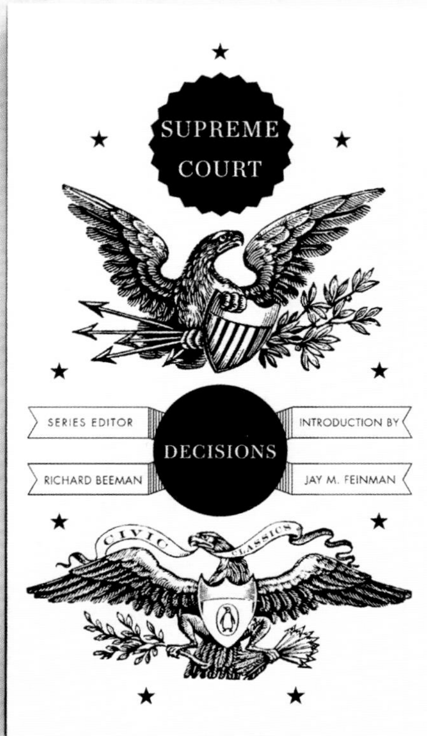
SUPREME
COURT
SERIES EDITOR
RICHARD BEEMAN
DECISIONS
INTRODUCTION BY
JAY M. FEINMAN
CIVIC
CLASSICS

公民经典

COMMON
SENSE
COMMON SENSE

AMERICAN
POLIT
SERIES
EDITOR
RICHARD
BEEMAN
CHES
INTRO

AND
THE
DECISIONS
JAY M. FEINMAN
SERIES EDITOR
RICHARD BEEMAN
CIVIC
CLASSICS

Penguin
企 鹅

HORROR

惊悚

Title × Author

Introduction by Series Editor GUILLERMO DEL TORO

Penguin Horror

Penguin HORROR

企鹅惊悚系列　作画：保罗·巴克利

《闹鬼的城堡》《门口的东西》《邪屋》《乌鸦》《美国超自然故事》《弗兰肯斯坦》

设计师、插画师：保罗·巴克利　**系列编辑：**吉尔莫·德尔·托罗　**编辑：**艾尔达·鲁特

● 设计师、插画师：保罗·巴克利

整个系列都是我设计和插画的，每一个封面都拼尽全力去做——两个是我喜欢的，其他的根本不喜欢。

我走的弯路不少。最大的问题是，我根本不应该自己画插画——谷歌一下亚伦·霍基（Aaron Horkey）或者阿伦·维森菲尔德（Aron Wiesenfeld），你很快就会知道原因。把最好的艺术家和手边的材料做匹配一直都该是总监的首要责任。

这里有必要追溯下过往。我以前拿了插画奖学金在纽约视觉艺术学院学习。就当时来说，我有天赋也异常努力——其他孩子被要求做《戴帽子的猫》之类的书，我那位做艺术总监的父亲让我做插画年鉴和包罗所有艺术家的书籍，从很小开始，我就一直想做插画师。显而易见，我对插画的喜爱体现在我雇的员工和我们书籍的装帧上。从宾夕法尼亚州的高中毕业一周后，我一周五天、每天上下班五小时往返宾州和纽约，在一家设计广告工作室工作。到了九月，这份工作变成了兼职；一周里有几天我去学院上课，其他时间去工作室工作。我非常非常想超越同辈，而且有一段时间的确做到了。他们把炭笔画等等带来学校，这些该做的我都没有做，我做的却是花三十个小时、利用工作室的设备和资源完成漂亮的展示。不过，这些专业人士会鼓励我，而不是逼问"保罗，东西在哪里？我花钱雇你，你就得做事"。所以，学校在教我，父亲在教我，整个工作室照顾着我，一个17岁呆头呆脑的宾州小孩。

两年后，我搬到纽约，从视觉艺术学院毕业，自由插画师的职业生涯一帆

（下转214页）

THE COMPLETE GOTHIC STORIES
Haunted Castles × Ray Russell
Introduction by Series Editor GUILLERMO DEL TORO
Penguin Horror

（上接212页）

风顺。当时我刚开始接到几家大杂志的委托，但渐渐厌烦了，年纪越大就越觉得自由职业的生活方式不适合我。同时，我在工作室时喜欢上了设计，毕业后我的自由设计师的工作也开启了。24岁时，我休息了三个月去伯利兹和危地马拉公路旅行。刚回到纽约时就不得不交出布鲁克林住处的房租，我朋友告诉我一家出版社的艺术部正在找初级设计师。我想“先做几个月喘口气吧”。26年以后，我还在这里。

长话短说，书籍设计再适合我不过，出版业能找到我，我真是走了大运。书很重要。出版很重要。这是我们这个世界真实的交流——如果当时走了另一条路，我可能会永远错过这个机会。当我最终决定全身心投入设计时，我如释重负。我变得更加开朗了。

但插画的种子在我体内，是我重要的一部分，也是我的成长历程——偶尔我还是想做点插画。不是常常——我是说，我在这里26年了，经手的项目成千上万，但我不会说：“我一定要给这个作插画。”我从小就喜欢惊悚小说，很清楚自己想要什么样的艺术风格，所以这些书恰好吸引了我……接着我创作了一系列还可以但说不上妙极的封面。我

（下转216页）

AND OTHER WEIRD STORIES
The Thing on the Doorstep × H. P. Lovec
Introduction by Series Editor GUILLERMO DEL TORO
Penguin Horror

The Haunting of Hill House × Shirley Jackson

Introduction by Series Editor GUILLERMO DEL TORO

Penguin Horror

TALES AND POEMS

The Raven × Edgar Allan Poe

Introduction by Series Editor GUILLERMO DEL TORO

Penguin Horror

American Supernatural Tales

Introduction by Series Editor GUILLERMO DEL TORO

Edited by S. T. Joshi

Penguin Horror

Frankenstein × Mary Shelley

Introduction by Series Editor GUILLERMO DEL TORO

Penguin Horror

（上接214页）

整个“你得另辟蹊径去做经典”的态度完全没有体现出来，大多数的封面很明显都是很直白的、贴合书名的意象。别人告诉我这系列做得很好，看来我没搞砸，但我还是该像个艺术总监，做出真正配得上它们的封面。

我用的是父亲教我的手法，在如今的市面上是看不到的。我钟爱近乎失传的丹培拉画法，用的是水溶白漆、油墨和强力水龙头。这些不是木刻板——差得远了。

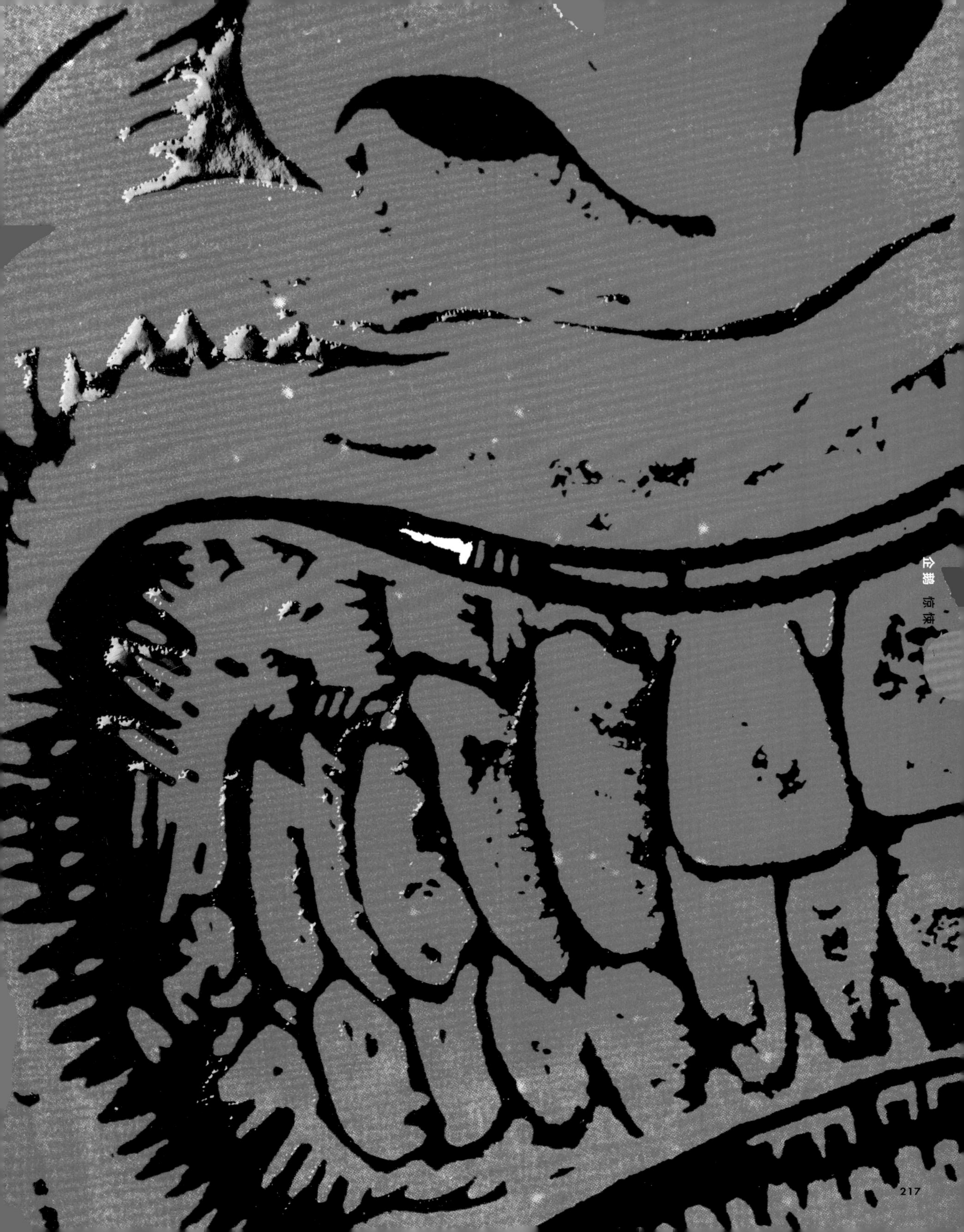

保罗·巴克利：我父亲杰拉德·巴克利用失传的丹培拉画法创作了很多作品，他是当之无愧的大师。

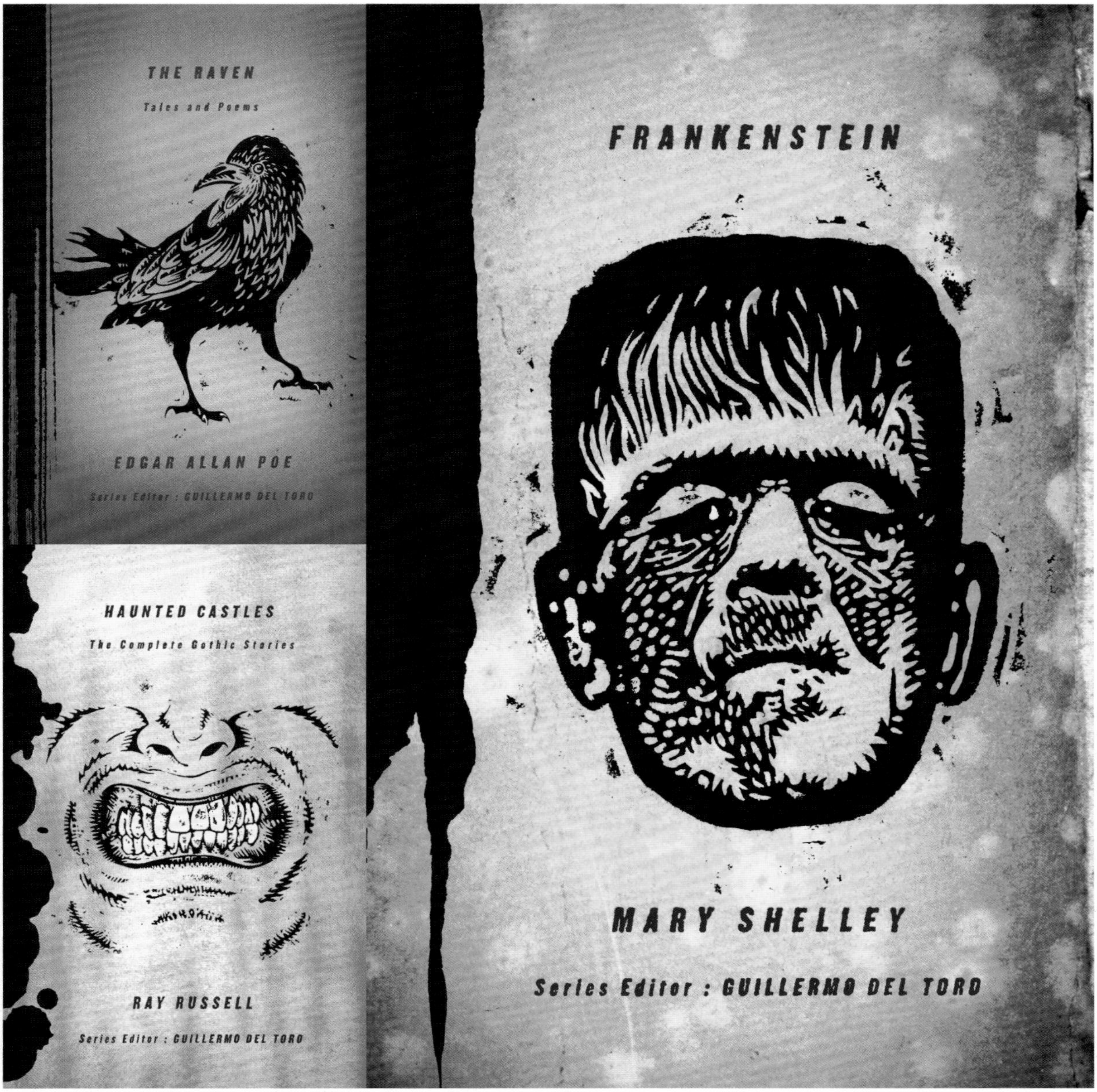

THE RAVEN

Tales and Poems

EDGAR ALLAN POE

Series Editor : GUILLERMO DEL TORO

HAUNTED CASTLES

The Complete Gothic Stories

RAY RUSSELL

Series Editor : GUILLERMO DEL TORO

FRANKENSTEIN

MARY SHELLEY

Series Editor : GUILLERMO DEL TORO

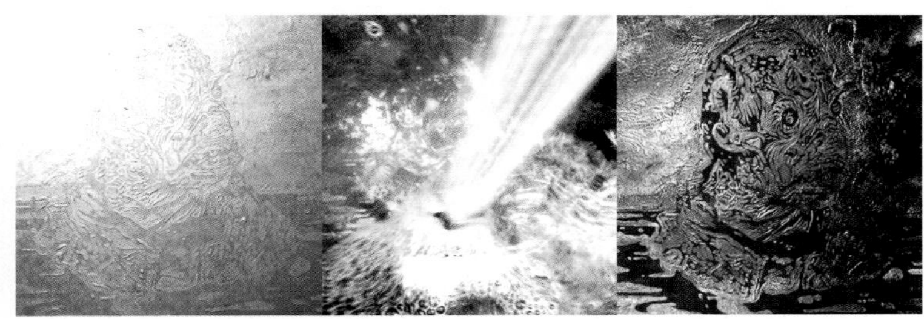

• 丹培拉过程：《门口的东西》，保罗·巴克利

保罗·巴克利：这些封面我有一个更喜欢的版本，但出于个人原因放弃了。大胆的霓虹不走寻常路，能让材料看上去很酷，但是这些画比较传统，可能不太适合。

Christmas

圣 诞

CLASSICS
经典
CHRISTMAS CLASSICS

Christmas CLASSICS

圣诞经典 系列　设计：罗斯安妮·塞拉

《胡桃夹子》《圣诞老人》《圣诞颂歌》《快乐圣诞》《汤普森庄园的圣诞》《圣诞夜》

插画师：哈亚_P　**设计师、艺术总监：**罗斯安妮·塞拉　**系列编辑：**约翰·西奇里亚诺

• 罗斯安妮父亲的家，感恩节后一天，过去34年一直如此

● **设计师、艺术总监：罗斯安妮·塞拉**

我是圣诞节的女儿，还有什么比圣诞经典系列更适合我？我找到这几本有圣诞视觉资料的书，想激发团队的灵感并讨论方向以及复古元素。保罗·巴克利出乎我意料地也带来了自己的视觉资料——有点讨厌，因为这是我的项目，他干吗插一手？他做那么多豪华经典的装帧设计，就不能放手吗？我想做精装，硬纸板外覆以厚纸或织物，上面压印。团队喜欢我的想法，所以我请了吉姆·蒂尔尼来做实物。

我展示了两三轮的草图，我的编辑并不喜欢，喋喋不休地谈起他姐姐在塔尔特商场买的礼品装。我太讨厌这点了！为什么一开始不说？吉姆，毙稿费给你。

好吧，下雪天，坏天气。我呆在家，远程控制软件GoToMyPC没装好，没有字体。我听说保罗在做包装纸！火大！他干吗插手？给我个机会吧！他摆明了对圣诞垂涎已久。真扫兴。我回去工作后看到了他的作品。是的，不错，但我才不想在包装纸上和他一较高下。

我把自己关在办公室里三天，把网站翻了个底朝天，找到矢量图后动工了。我想要不一样的、新鲜的东西，在圣诞之后也不会过时，放在桌子上你会觉得很有面子，在Etsy什么的网站上能漂漂亮亮、像礼品一样卖。当我想到红衣凤头鸟，让我想到了家——它对我来说是特别的；我爸爸的圣诞雪景小村子里有一只红衣凤头鸟。我找到了那位艺术家，但他在国外，我说想请他创作时，他在凌晨四点给了我奇怪的回应。所以我只能用网站上找到的素材自己来，把它们分解，必要时重新创作，以贴合我的设计。我也做了其他主题的设计。我们展示了所有的设计草样：包装纸，很漂亮，还有我其他的五个版本。还需要多说什么吗？圣诞快乐！

THE NUTCRACKER
E.T.A. Hoffmann
CHRISTMAS CLASSICS

THE LIFE
& ADVENTURES
OF SANTA CLAUS
L. Frank Baum
CHRISTMAS CLASSICS

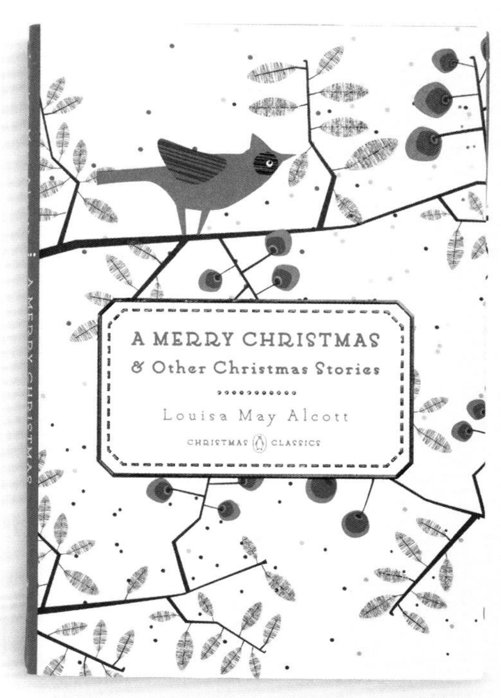
A MERRY CHRISTMAS
& Other Christmas Stories
Louisa May Alcott
CHRISTMAS CLASSICS

A CHRISTMAS CAROL
Charles Dickens
CHRISTMAS CLASSICS

CHRISTMAS
AT THOMPSON HALL
& Other Christmas Stories
Anthony Trollope
CHRISTMAS CLASSICS

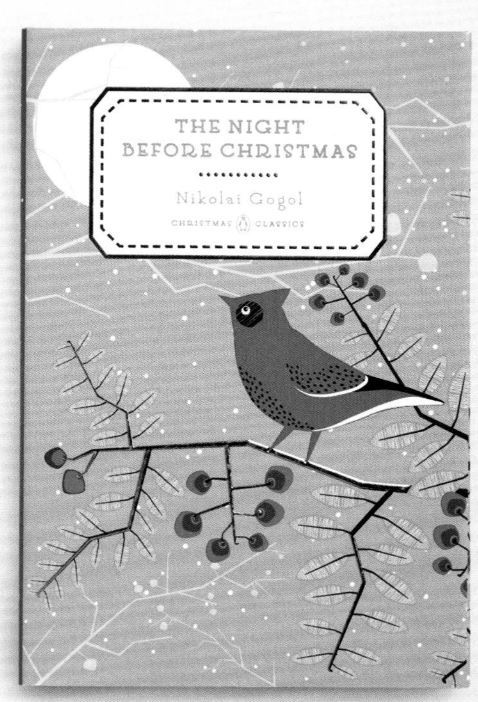
THE NIGHT
BEFORE CHRISTMAS
Nikolai Gogol
CHRISTMAS CLASSICS

THE NUTCRACKER
E.T.A. Hoffman
CHRISTMAS
CLASSIC

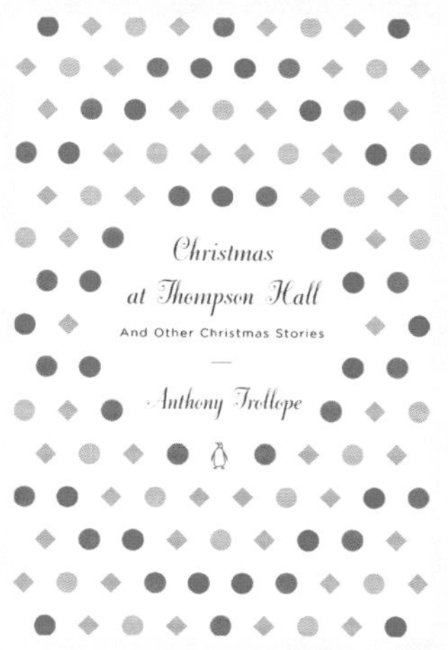

Christmas
at Thompson Hall
And Other Christmas Stories
Anthony Trollope

● 创意总监：保罗·巴克利

我之所以插手，罗斯安妮只说对了一半。我几乎、尽可能地顺着她来，给了她这个项目。关键是我正好有惊艳的古董模切包装纸样品，二十年来一直收藏着，所以才和罗商量能不能给其他人看看，而且我肯定说过类似“如果他们喜欢，你好歹得让我做做”的话。喂，做出最棒的书才是重要的，不是吗？至少，我睡得心安理得。我真心喜欢老式的圣诞彩印纸，这是个难得的机会。

编辑不同意用老式纸，所以我退出，罗和我都知道这是她的项目。但到了季末（凤头鸟出现之前），我并不喜欢当时的几版设计，编辑也不喜欢。截止日期快到了，这是被寄以厚望的六本装系列——所以我介入了。再一次。我们得赚钱，我的工作就是确保一切顺利，死线临头时我不是万能的，我们也不能接受马虎了事。我选择给罗一点空间，相信她能在最后关头拿出作品，或者给她看看我想要什么样的（这一点上我错了，她对了）。还得说明一下，罗斯安妮和我一起共事二十多年，她从没拖过稿，每次都让人眼前一亮，但我那时有点慌。所以我熬夜赶了两个设计，我很喜欢但楼上的懦夫们对凤头鸟情有独钟，把我的封面推到一边嗷嗷叫“我的天啦罗斯安妮我们爱爱爱爱爱死这些了”、“真是天才”、“没有白等”之类的话，伤到了我卑鄙的、想取而代之的心。

通常在装帧设计会议上，如果编辑想否决一个我欣赏的封面，只要情况允许我都会在心里嘀咕——而且很多次都大声说出来——“但你根本不是这本书的受众，我才是。”这一次，我变成了那个坏人——如果有谁对圣诞有把握，绝对是罗斯安妮。

罗，非常高兴你把这些都倾吐出来了！

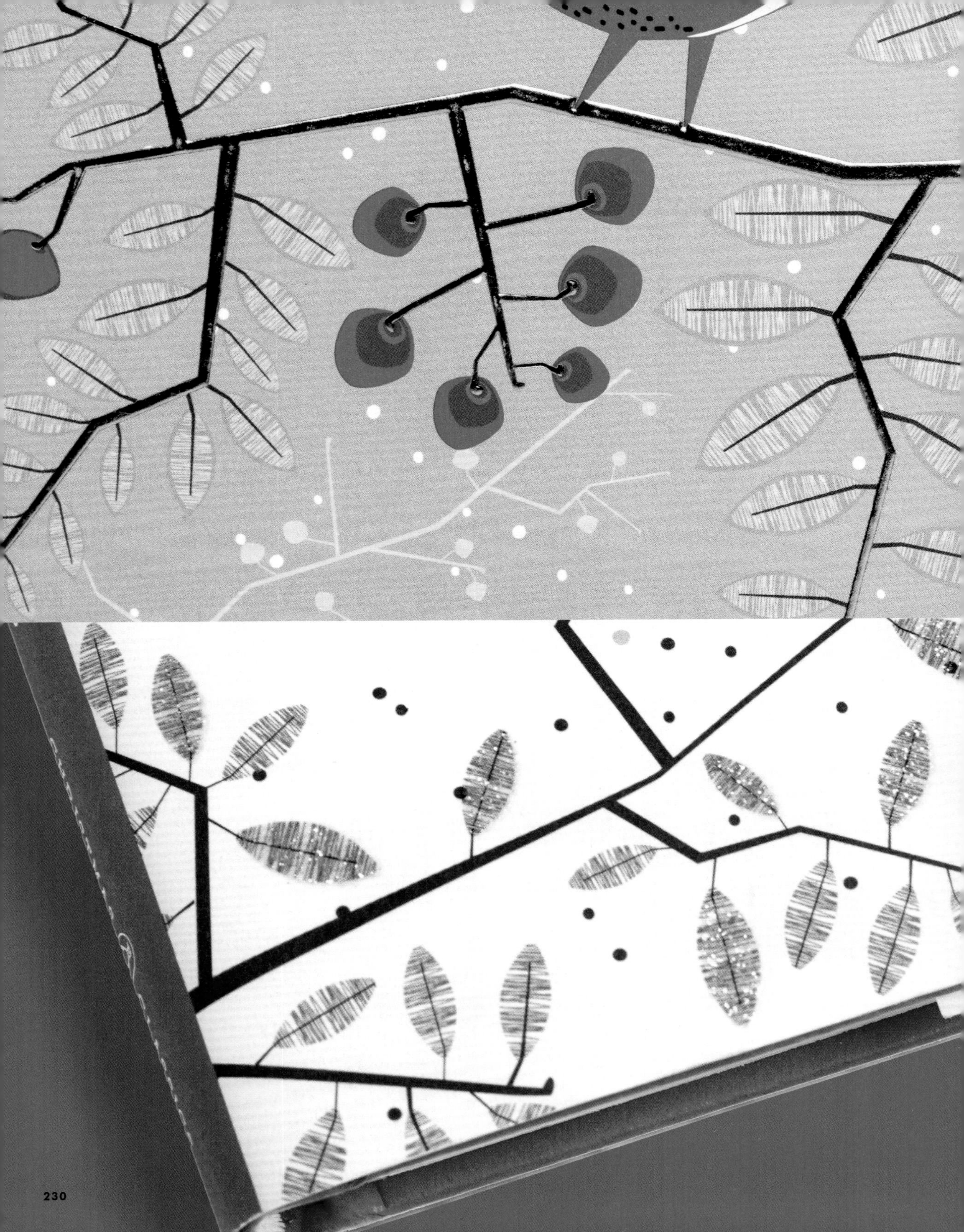

CHRISTMAS
CLASSICS

Penguin
企 鹅

PENGUIN THREADS

THREADS

手绣

Penguin THREADS

企鹅手绣

作画：吉莉安·玉城　蕾切尔·森普特

吉莉安·玉城：《黑骏马》《爱玛》《秘密花园》
蕾切尔·森普特：《柳林风声》《绿野仙踪》《小妇人》

创意总监：保罗·巴克利　　**系列编辑：**艾尔达·鲁特

创意总监：保罗·巴克利

我时不时会向企鹅的出版人推销项目，当时我负责企鹅刺青系列快要接近尾声。相当一部分的文身艺术家合作起来非常困难，搞得我们都想退出那个项目了。我想找点截然不同的东西做，Etsy上找了一圈撞上了这幅酷酷的肖像小绣品，立刻就买下来送给楼上企鹅经典的编辑艾尔达·鲁特和企鹅出版人凯瑟琳·科特。我们一致认为该做个刺绣封面系列。现在我只需要找人，一个脑子不正常到愿意接下那么大工作量的人。找到吉莉安·玉城纯属意外（事实上，我的许多委托都是偶然促成的）：当时我正考虑把她列入我在重新设计的凯鲁亚克系列的备选名单。我觉得凯鲁亚克不合适（最后是维维恩·弗莱舍做的），我从吉莉安的网站点进了她的博客，因为……博客最底部就是这幅美丽到不可思议的绣品，是她给自己做的，标题为“请不要为难我做这种事，太花时间了。”我当然去为难她了——请她在我们构想的三本书里任挑一本，同时等候她来信拒绝。但第二天一早收到了她的邮件，天

（下转236页）

• 《秘密花园》刺绣过程，林·洛根　摄

• 埃琳·佩斯利提供的肖像，购于Esty

EMMA
JANE AUSTEN
PENGUIN THREADS

（上接234页）

大的好消息，她答应了，还说三本都想做。好了，问题解决了。我希望她能顺利完成……结果不言而喻，她凭借**《黑骏马》**得了当年插画师协会的金奖。

我特别自豪的是封面的背面。我注意到了吉莉安刺绣的背面，一幅刺绣的边角有点脱落了，我一瞄反面，和正面一样漂亮，不一样的漂亮。看到了幕后的制作过程和成果真奇妙——所以我建议把绣品反面也弄上去，和正面呼应，大家一致认同。换做其他日子，大家可能会问：“等等，这要花多少钱？”

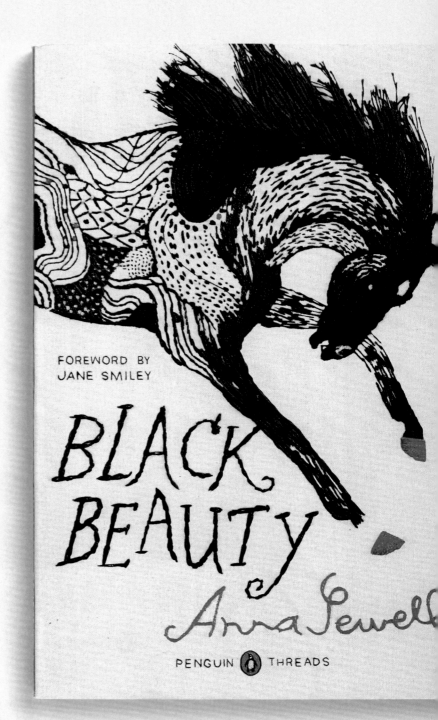

• 金奖，插画师协会，马特·维 摄

The Wind in the Willows
KENNETH GRAHAME
FOREWORD BY GREGORY MAGUIRE
PENGUIN THREADS

Little Women
LOUISA MAY ALCOTT
INTRODUCTION BY JANE SMILEY
PENGUIN THREADS

the Secret Garden
FRANCES HODGSON BURNett
PENGUIN THREADS

The Wizard of Oz
and Other Wonderful Books of Oz:
The Emerald City of Oz
and Glinda of Oz
L. FRANK BAUM
PENGUIN THREADS

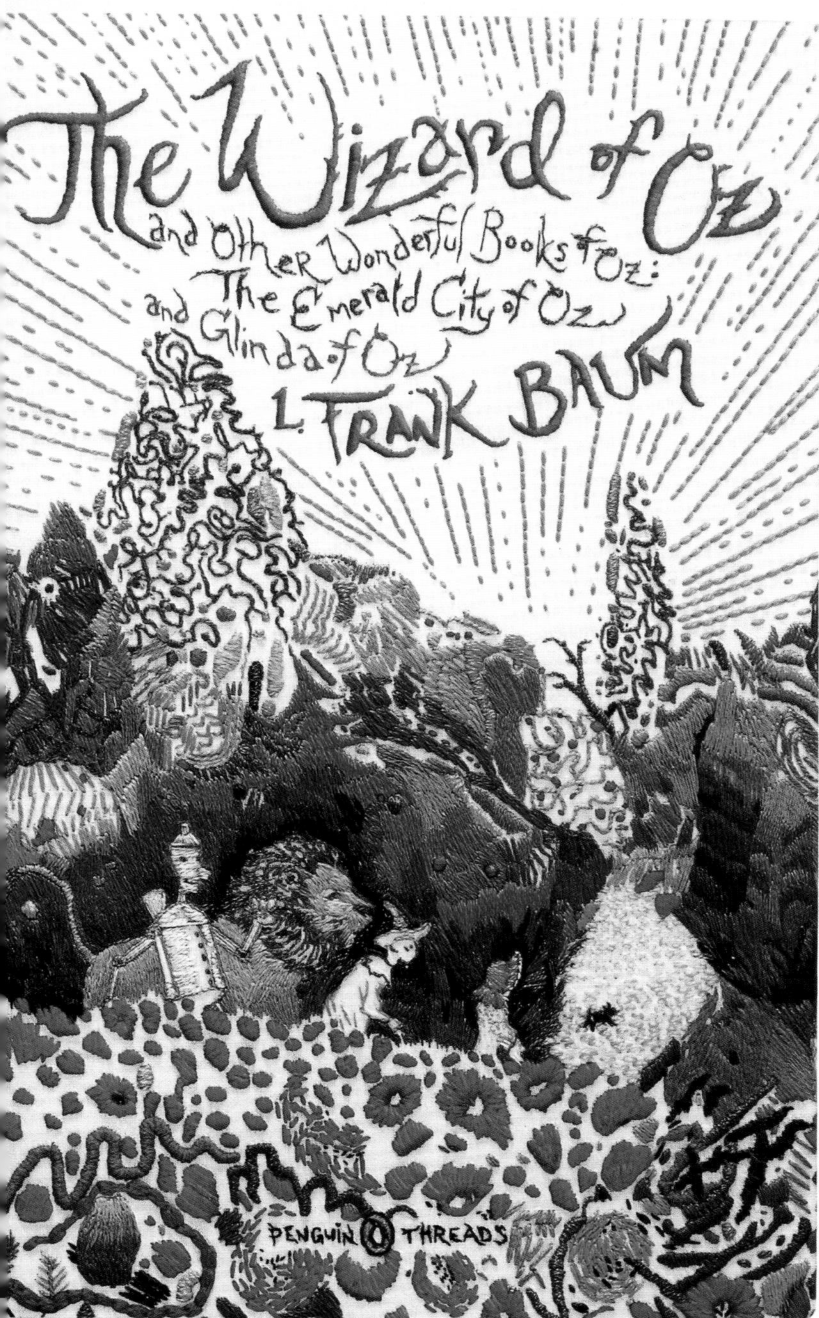

● **插画师：蕾切尔·森普特**

保罗联系我，问我想不想做刺绣系列第二辑的时候，我撒了个小谎。他问我平时刺绣吗？我说："绣啊，当然！"——虽然我这一辈子几乎都没绣过。他让我试绣一幅，速度要快，接着还要我做出极度详细的草图，说明每一针要落在哪里。这样一来，即便没有看到过封面的人也能根据草图一针针绣出来。吉莉安·玉城帮了我大忙，推荐了一本她用的书并告诉我用撑架。我学得快，但同时有两个月大的儿子要喂奶，斯德歌尔摩的展览也在做准备。快疯了！

我必须交出绣样证明自己的能力——其实还行。我当时不太自信。

截止日期和标准的插画封面一样——两周出草图，两周出终稿。（对吗？我记得是这样，但现在觉得不可思议。）

《绿野仙踪》是第一本，所以也最细致；我觉得可能有点做过头了。罂粟花是我最喜欢的部分，为了做勒口的图案尝试了不同的绣法，也很有趣。

（下转241页）

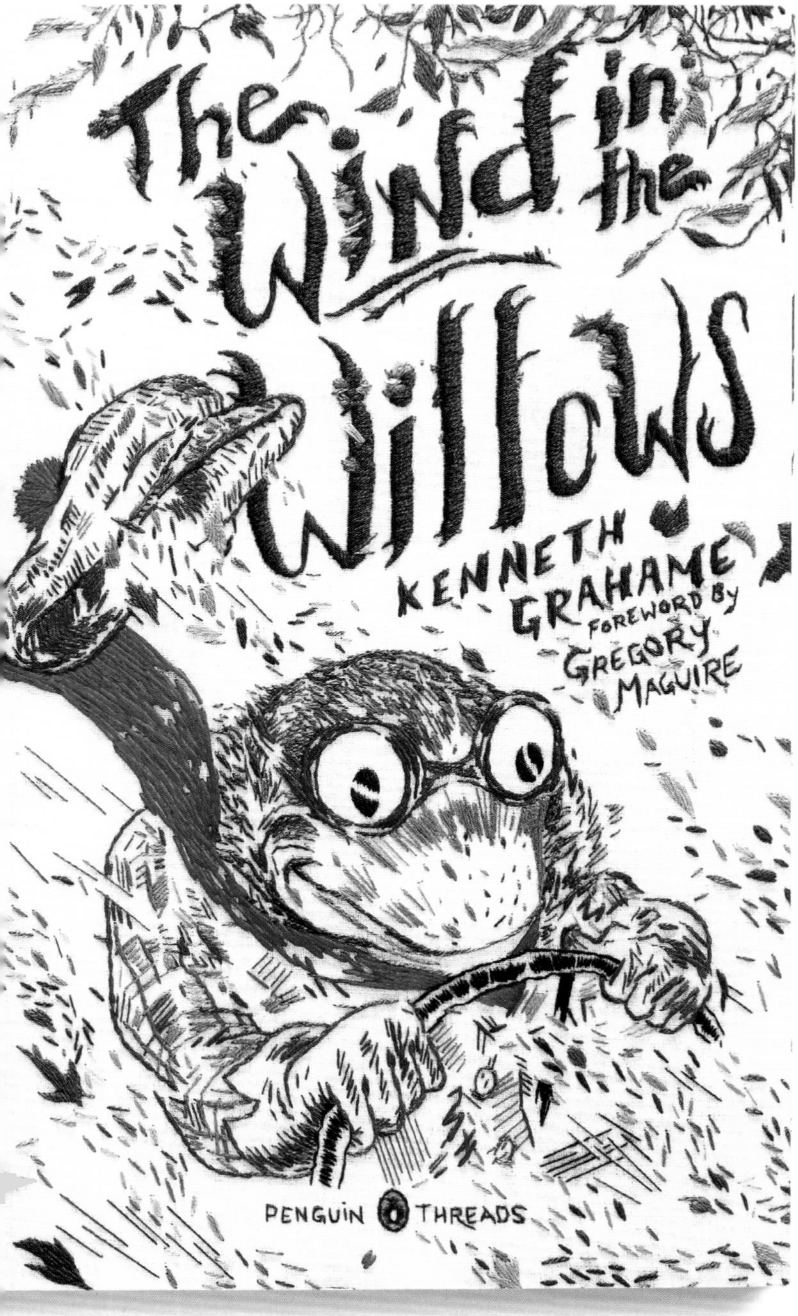

The Wind in the Willows
KENNETH GRAHAME
FOREWORD BY GREGORY MAGUIRE
PENGUIN THREADS

（上接239页）

《柳林风声》我原先想做他们顺流而下遇到牧神的部分——感觉很梦幻、超现实——但我想到，“不行，这是给年轻人看的——他们喜欢刺激！”所以才有了讨厌的蛤蟆先生。我喜欢最后的颜色，整体调色真协调。植物和角色是我最喜欢画的东西。

《小妇人》有挑战性，因为是最后一本，没什么拖延的余地。大问题是：我要把姐妹几个绣上去吗？或者一个——哪一个呢？所以我决定一个都不绣！

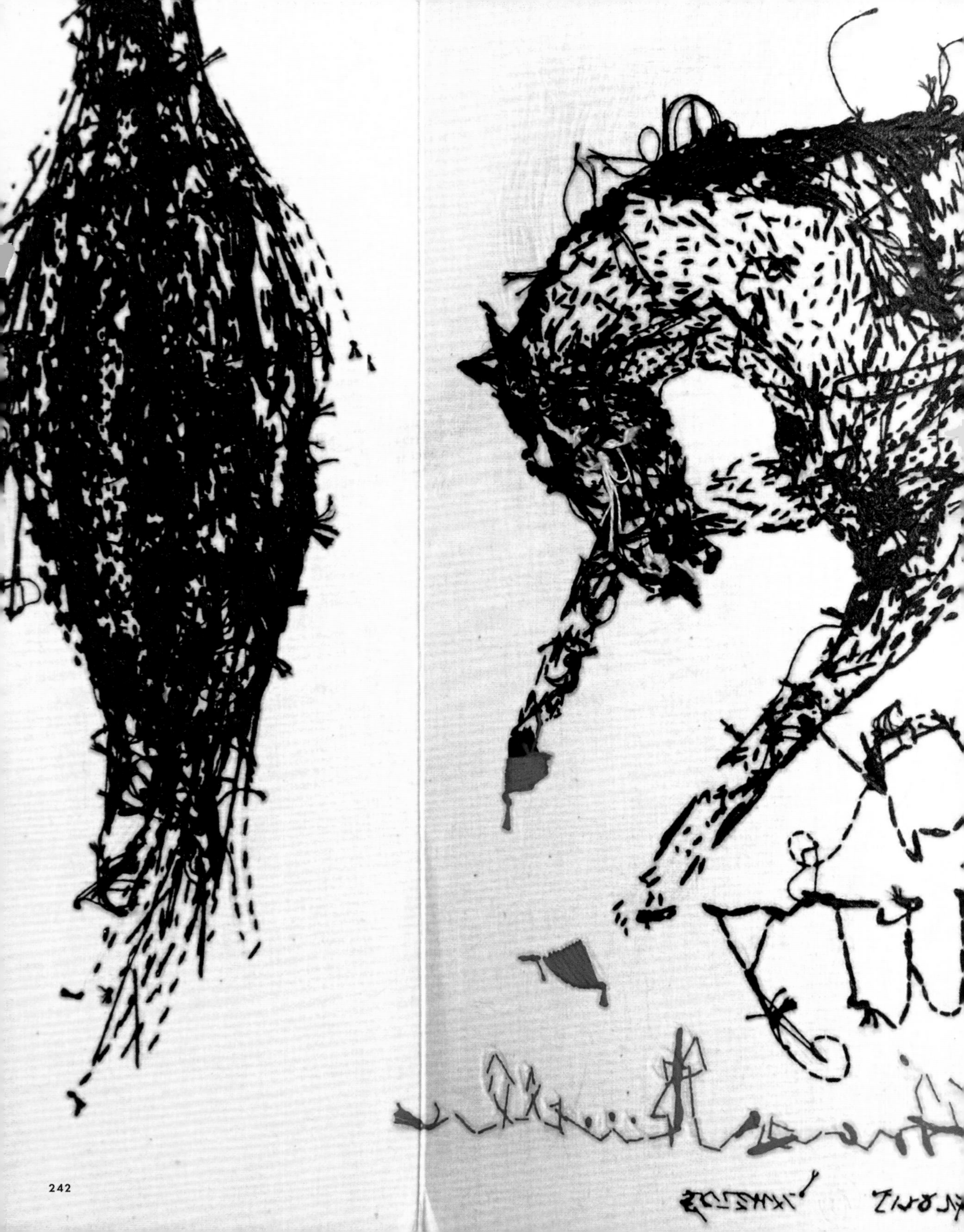

HODGSON

Miller

米勒

CLASSICS

经典

● **插画师：里卡尔多·维基奥**

4层4*5的冷压水彩纸。蘸了薄薄一层棕色核桃墨水的笔尖在灰色塑料托盘上。笔尖在粗糙不平的纸面上擦过、颤抖。单薄的笔尖承载了张力与韧性，将细小的墨水滴沿着一条细线洒落。他向下望。大背头，肩膀前倾。他的左耳竖起。Roher书法墨水，绿色，柠檬黄，紫色，品红，粉色。麝香味。水溶墨水在湿画笔的笔刷下向外扩散。液状的颜色像水珠里雷鸣的乌云，因为表面的张力凝结在一起。尖锐的笔尖从粗糙的纸上刻起一道纤维，纤维像雪球一样堆积在笔尖，吸收墨水，扩大了笔尖的接触面，笔触也变粗了。画作正面朝下平铺，300dpi，RGB，扫描。Photoshop里的箭头光标在曲线窗口画出一条完美的曲线，平衡亮度和对比度。再冷色调点……光标把色调往左拉，绿色和黄色，饱和度上调，稍稍往右拉。参数往中间拉，调高白色，显出背景。空白的纸面变平滑，但水彩上色的部分还能看出它粗糙的质地。完美！另存为tiff—文件夹—企鹅，阿瑟·米勒文件夹—终稿。压缩为zip文件，发邮件给企鹅集团［美国］；发送。

THE PENGUIN
Arthur Miller
THE MILLER CENTENNIAL | 2015
COLLECTED PLAYS
PENGUIN CLASSICS
DELUXE EDITION

Collected Plays
The Penguin Arthur Miller: Deluxe Edition
企鹅阿瑟·米勒系列：戏剧集（豪华版）

插画师：里卡尔多·维基奥　**设计师、创意总监：**保罗·巴克利　**编辑：**艾尔达·鲁特

• 备选方案，未采用

● 设计师、创意总监：保罗·巴克利

里卡尔多绝对不会错；这个男人总能打出本垒打，不停地工作、工作、工作。他是一个天生的画家，实验是他创作的核心，所以当你说“是的，我们钟意这幅草图，请做完吧”，他会给你不止一个方案，而是好几个颜色和展现手法各不相同的版本。再加上和他合作出乎意料地愉快，还没看到第一份草图你就能预感到“一定会很棒”。

一开始，我们做了**企鹅阿瑟·米勒系列**豪华平装版。我请里卡尔多画了米勒的肖像画，选定一幅后又请他画了五十年代纽约的街景，如果把勒口展开，可以连成一幅风景画。（我当时真心觉得这是个好主意，虽然很简单但从没人提出来过，我本人一直在尝试——但一个月后，罗曼·穆拉多夫给《青年艺术家画像》的勒口做了一模一样的东西。我想好的构思一直都存在，只是在等有心人挖掘……这么讲是不是太夸张了？只是勒口而已。但不管怎样……）设计上，我比较平庸，没有采取经典的百老汇节目单的形式，但的确给了里卡尔多大展艺术身手的空间。

THE PENGUIN ARTHUR MILLER: COLLECTED PLAYS
PENGUIN CLASSICS DELUXE EDITION
THE PENGUIN
ARTHUR MILLER:
COLLECTED PLAYS
Foreword by LYNN NOTTAGE
THE MILLER CENTENNIAL 1915-2015

Collected Plays

The Penguin Arthur Miller: Box Set

企鹅阿瑟·米勒系列：戏剧集（函套版）

插画师：里卡尔多·维基奥　**设计师、创意总监：**保罗·巴克利　**编辑：**艾尔达·鲁特

● **插画师：里卡尔多·维基奥**

坐地铁回家时，我在购物清单上涂鸦，开始构思阿瑟·米勒这个项目。你懂的，各种胡思乱想……朱尔斯·达辛，《裸城》，1950年代的纽约，工业，蒸汽，粗放，完美！贝尔托·布莱希特，《大胆妈妈和她的孩子们》，太棒了！嗯，剧院。哦，还有玛丽莲·梦露，舞台岛屿，嗯，玛丽莲。天啊，怎么样才能得到她女儿的认同，她一定要喜欢啊……她是不是嫁给了丹尼尔·戴-刘易斯？《血色将至》，墨黑，饱满，浓厚，强烈的黑色墨水画，小开本5"*7"，最好多画点，30到40张吧。希望有一张能通过。我到站了。别忘了买牛奶。

THE PENGUIN
MILLER:
Broken
Resurrection

COLLECTED PLAYS
EDITION

THE PENGUIN ARTHUR MILLER: COLLECTED PLAYS
PENGUIN CLASSICS DELUXE EDITION

设计师、创意总监：保罗·巴克利

函套版我请里卡尔多作线条画，而不是油画，因为我想印在织布的封面上。我告诉他函套需要一个空白的舞台布景，里卡尔多则巧妙地把一些独立的元素画出来，我把它们简单随意地放置在函套上。我最喜欢青柠绿的几本，两个原因。第一，我把这些颜色作为一个整体，和米勒一样“硬汉风”的整体得到了通过；这也是米勒作品的现代化呈现，从全新的角度重识米勒，尤其是和黄色的函套放在一起。第二，我喜欢里卡尔多为了织布材料作的线条画。好几年前我给《源氏物语》做过一个类似的函套版，制作过程一模一样，只是人物肖像换了换，画的是源氏和桐壶。

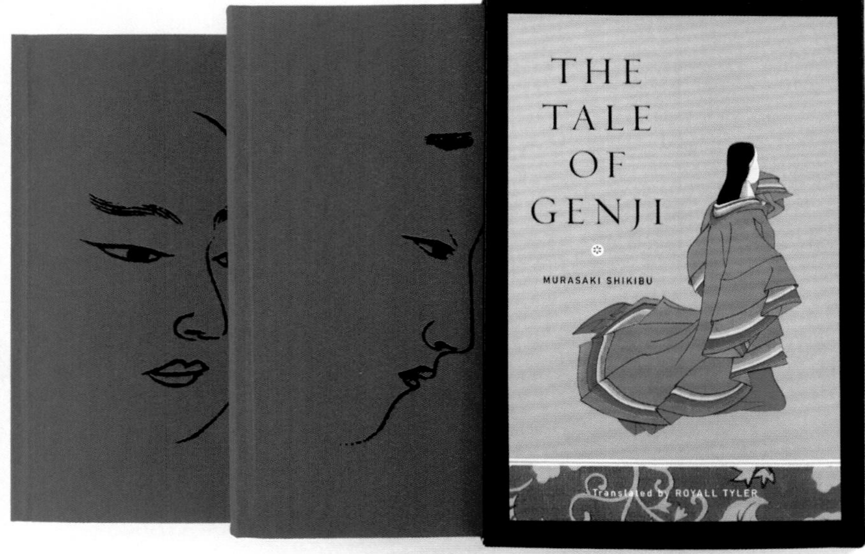

• 《源氏物语》函套装版，保罗·巴克利

Presence: Collected Stories 现场：小说集 阿瑟·米勒

设计师：马特·维　**插画师：**里卡尔多·维基奥　**创意总监：**保罗·巴克利　**编辑：**艾尔达·鲁特

● 创意总监：保罗·巴克利

总的来说，我们为阿瑟·米勒的百年纪念做了一切：一个带勒口的豪华版，一个亚麻函套定制版，吉姆·蒂尔尼在做的戏剧系列中也出了新的装帧，我们旧书单中的两本也做了新装帧。杰森·拉米雷斯接受了吉姆的系列，这是我们几年前开始做的，马特·维接受了两本旧书，我和里卡尔多则着手做豪华平装版和布面函套——五位艺术家和设计师同时向一个目标进发。

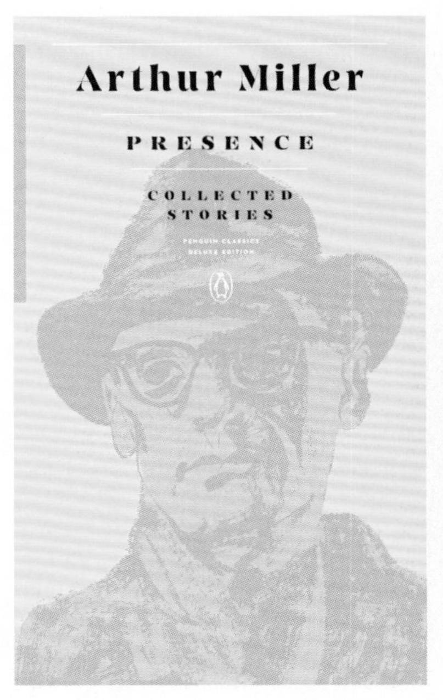

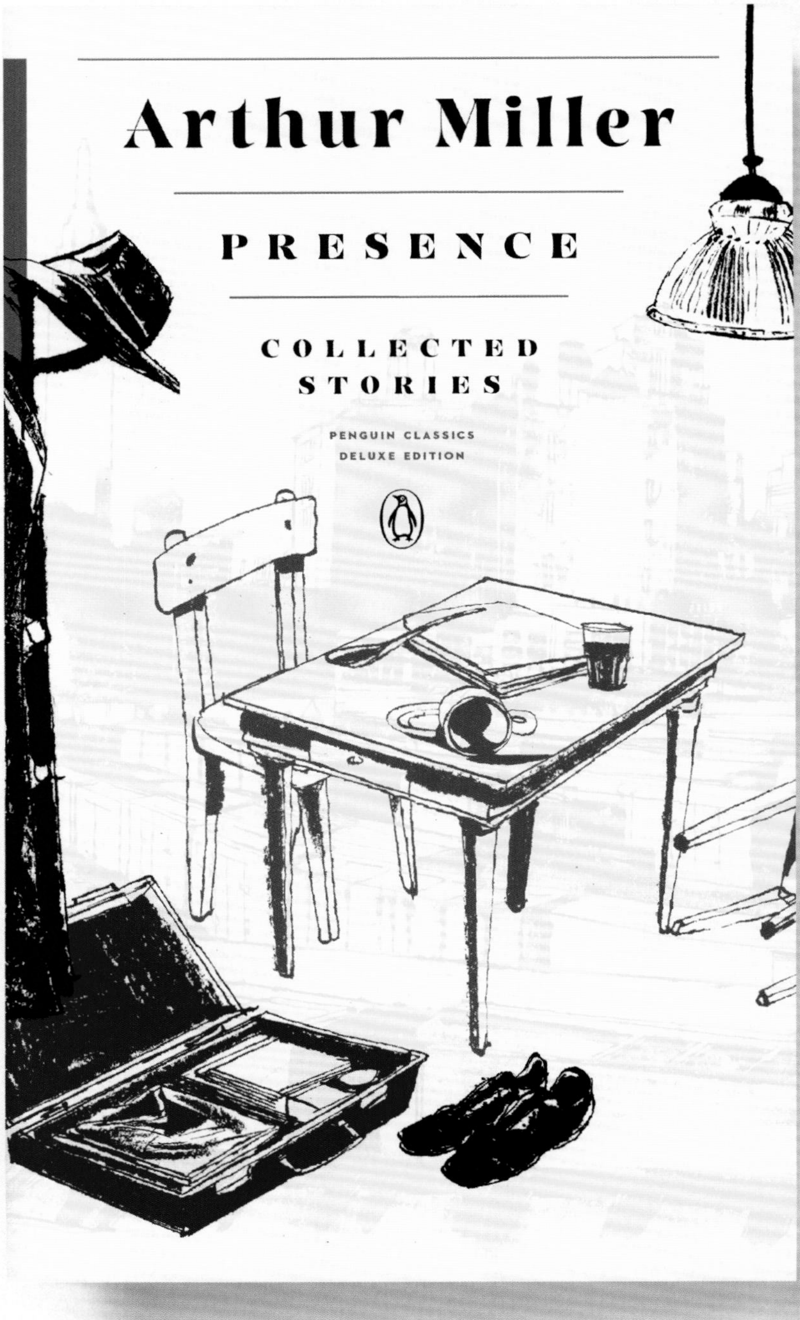

Arthur Miller
PRESENCE
COLLECTED STORIES

Arthur Miller
PRESENCE
COLLECTED STORIES
PENGUIN CLASSICS
DELUXE EDITION

• 采用的封面

Collected Essays 散文集 阿瑟·米勒

设计师：马特·维　**插画师：**里卡尔多·维基奥　**创意总监：**保罗·巴克利　**编辑：**艾尔达·鲁特

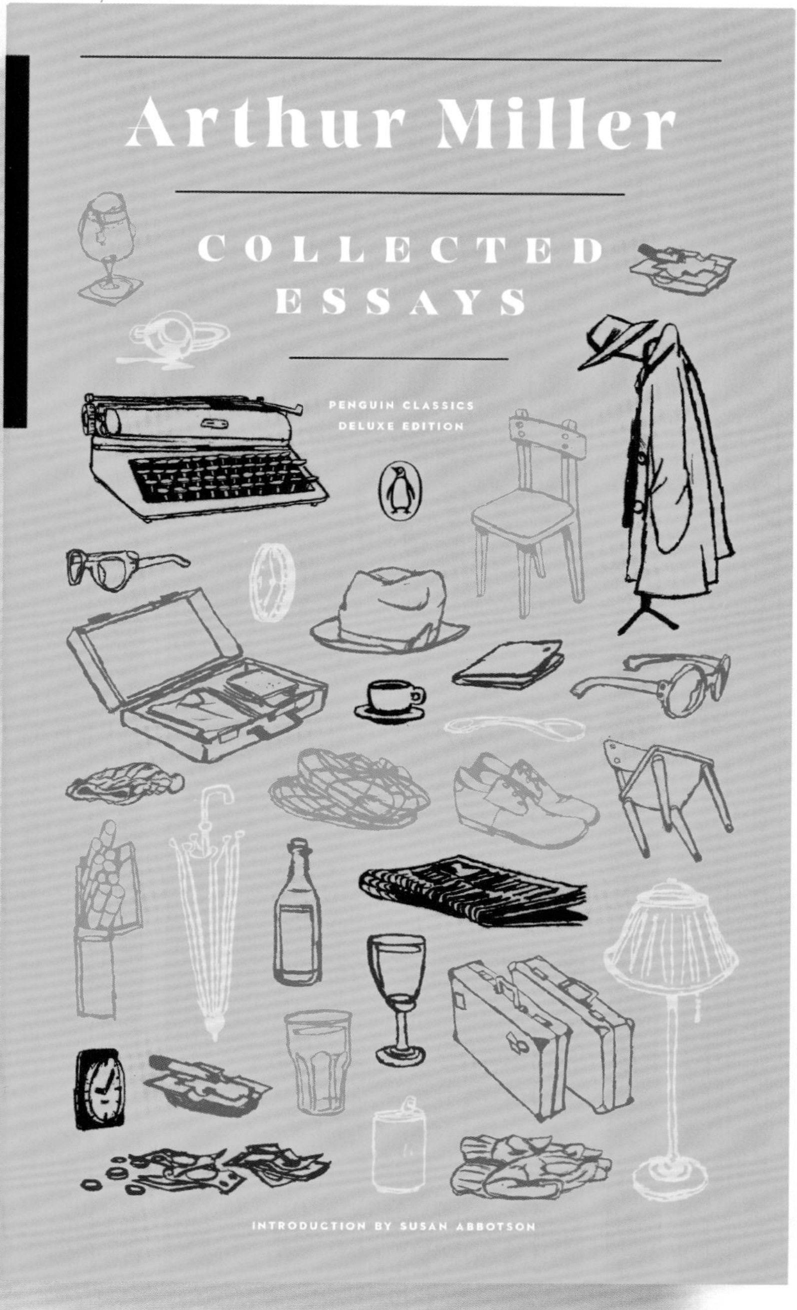

• 采用的封面

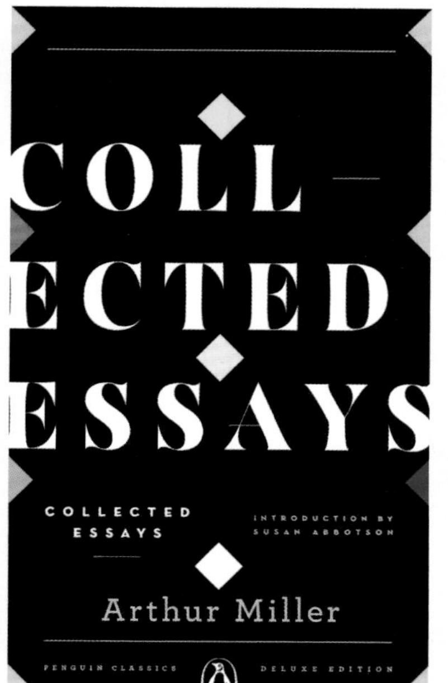

Penguin

企 鹅

PLAYS
戏剧

Author

Title

PENGUIN PLAYS

Penguin PLAYS

企鹅戏剧 阿瑟·米勒系列 作画：吉姆·蒂尔尼

《大主教之屋》《美国钟》《推销员之死》《时间游戏》《碎玻璃》《萨勒姆的女巫》《堕落之后》《桥头眺望》
《都是我的儿子》《人民公敌》《代价》《维琪事件》《天之骄子》《复活的哀歌》《撞倒摩根山》《创世记及其他》

艺术总监：保罗·巴克利、杰森·拉米雷斯 **系列编辑：**艾尔达·鲁特

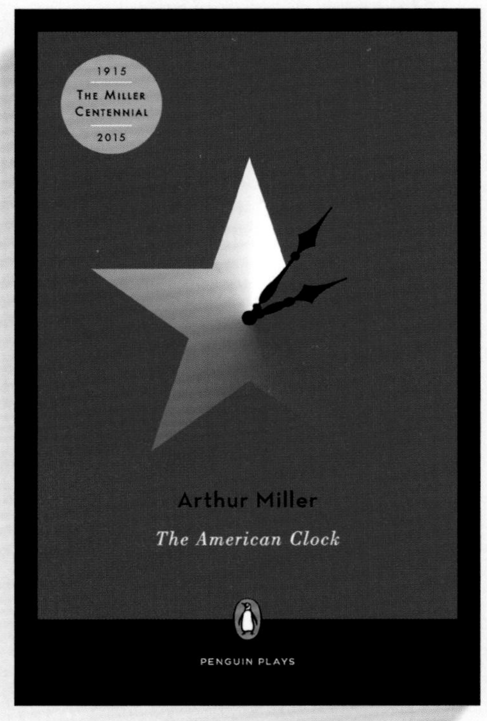

● **插画师：吉姆·蒂尔尼**

实话实说，在我开始重新设计阿瑟·米勒的整套**企鹅戏剧**之前，我对阿瑟·米勒的作品兴趣不大。我只知道他最著名的几部戏剧，但觉得它们太简单；令人心碎甚至断肠，是的，不过十分坦诚，毫不拐弯抹角，甚至有点压抑。

把这个项目委托给我，肯定是保罗的馊主意，想把我踢出我审美的舒适区，紧逼我这个年轻的设计师进行自我创作。当时我算是新手，刚拿到插画学院的学位，作品选辑里满是繁复的装饰设计和欧洲风的灵光一现。这些花里胡哨的垃圾在美国最美式的剧作家犀利的凝视之下毫无用处。

给一个故事找到“外观”是个挑战。给一个作者的作品整体找到“外观”是另一种挑战。找到适合十几部独立作品的“外观”、不重复但也不割裂对作者的认知又是另一种挑战，我从没碰到过这么棘手的。幸运的是，阿瑟·米勒的作品绝对不简单，也不像我之前认为的直白。

（下转264页）

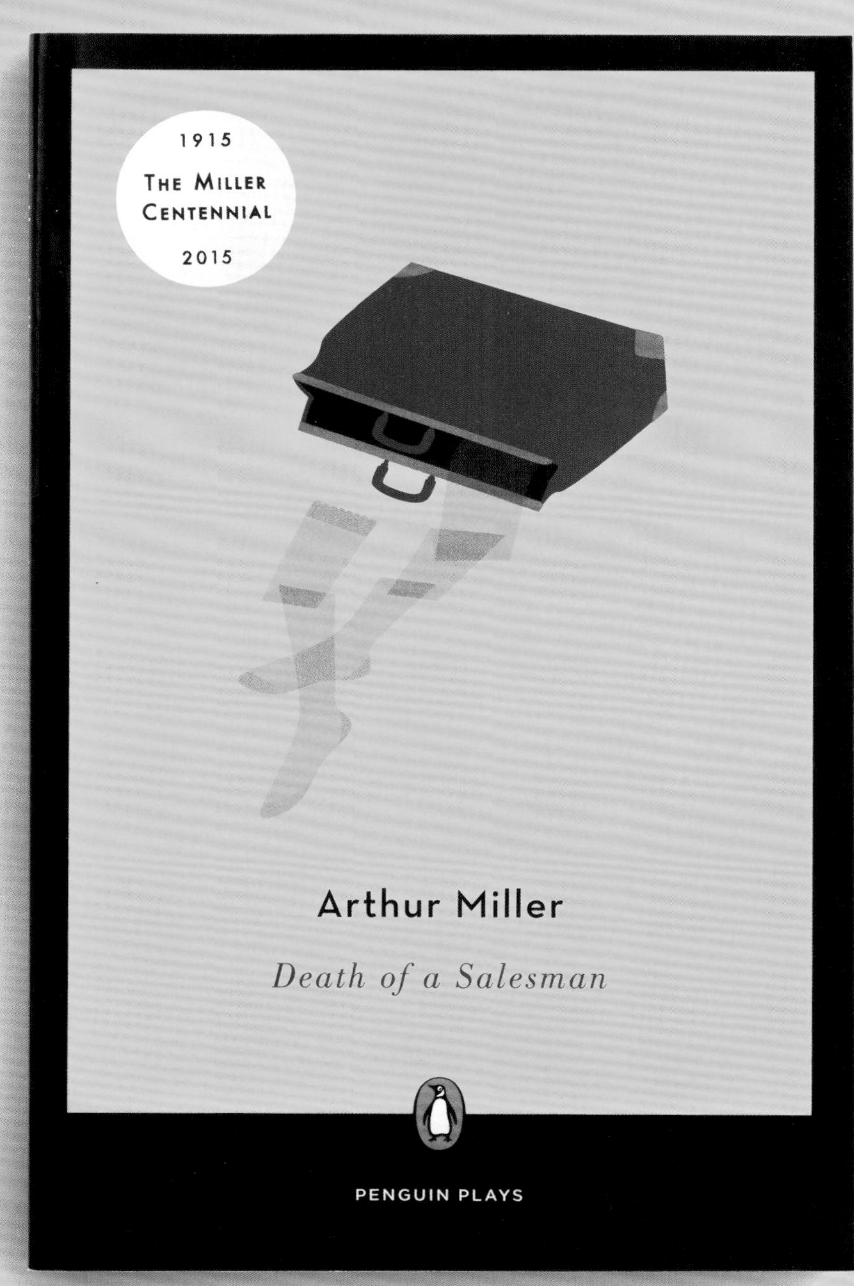
1915
THE MILLER
CENTENNIAL
2015
Arthur Miller
Death of a Salesman
PENGUIN PLAYS

（上接262页）

把米勒痛苦的人物对话放到一边，你几乎总能发现几个关键道具，精心挑选，具有代表意义。在米勒手中，一顶烂呢帽、一个破公文包或一把空轮椅所传达的透彻的辛辣，毫不逊色于一场独白，所以我决定把这些隐喻拆分，分别放到封面上，如同博物馆展柜里的展品。厚实的黑框圈起了每个故事中的微型世界，而纯色的平面“舞台”则让画出来的道具不言而喻。读者在看到封面的第一眼时就被吸引去探索它们的意义，随着叙述的展开发现其中的内涵和道理。

力求精简看似简单，其实很难，要把哪些元素放到封面上，我着实纠结了一番。阿瑟·米勒的风格简洁但不简单，在这种风格的框架下进行设计，我愈发意识到自己低估了他作品的深度，他表达的内容、表达的技巧，我竟然花了这么长时间才真正有所了解，简直不敢相信！

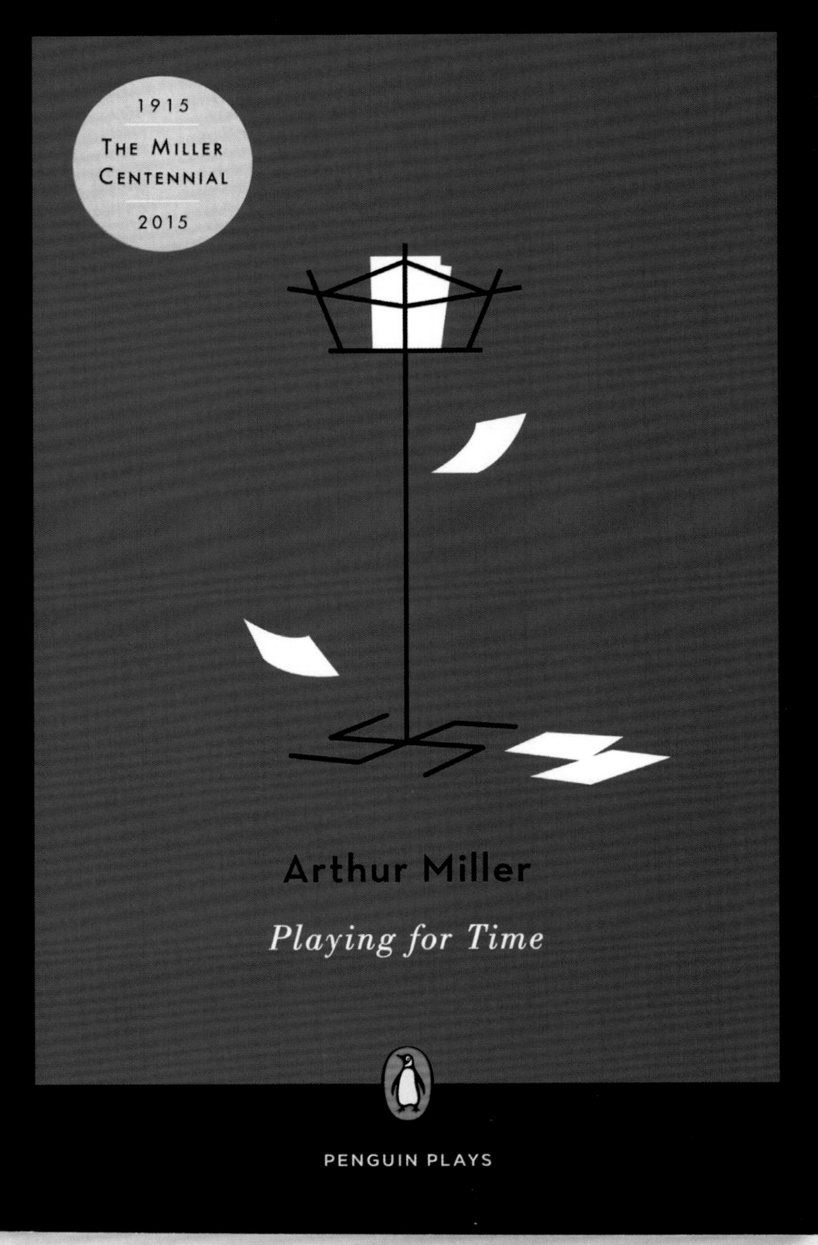

rthur Miller
Broken Glass
PENGUIN PLAYS
1915
The Miller Centennial
2015
Arthur Miller
The Crucible
PENGUIN PLAYS
1915
The Miller Centennial
2015
Arthur Miller
After the Fall
PENGUIN PLAYS
1915
The Miller Centennial
2015
Arthur Miller
A View from the Bridge
PENGUIN PLAYS
rthur Miller
All My Sons
PENGUIN PLAYS
1915
The Miller Centennial
2015
Arthur Miller
An Enemy of the People
An adaptation of the play by Henrik Ibsen
PENGUIN PLAYS
1915
The Miller Centennial
2015
Arthur Miller
The Price
PENGUIN PLAYS
1915
The Miller Centennial
2015
Arthur Miller
Incident at Vichy
PENGUIN PLAYS
rthur Miller
Who Had All the Luck
1915
The Miller Centennial
2015
Arthur Miller
Resurrection Blues
1915
The Miller Centennial
2015
Arthur Miller
The Ride Down Mt. Morgan
1915
The Miller Centennial
2015
Arthur Miller
The Creation of the World and Other Business

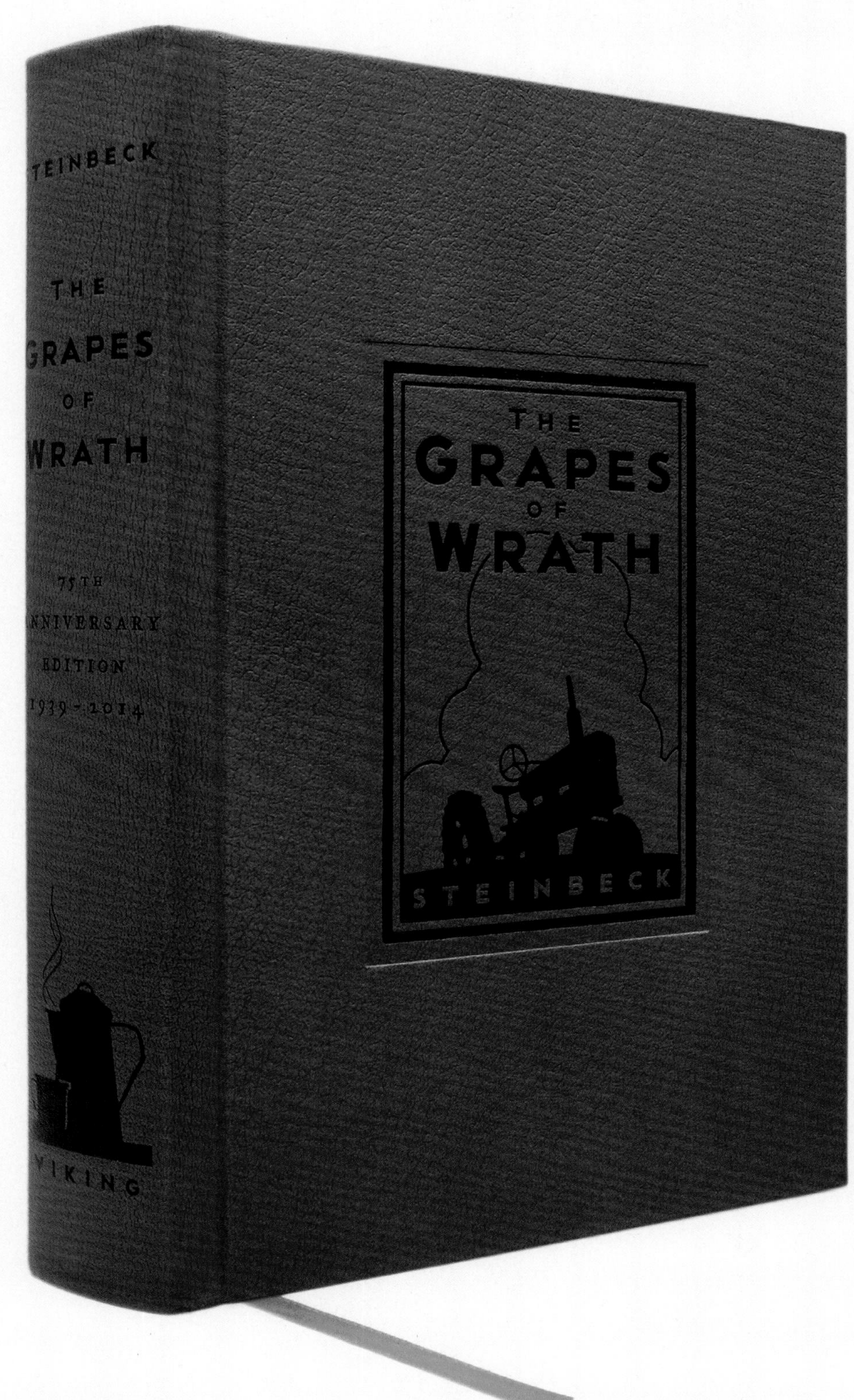
STEINBECK
THE
GRAPES
OF
WRATH
75TH
ANNIVERSARY
EDITION
1939-2014
VIKING
THE
GRAPES
OF
WRATH
STEINBECK

The Grapes of Wrath

愤怒的葡萄 约翰·斯坦贝克

插画师：迈克尔·施瓦伯 **艺术总监：**杰森·拉米雷斯 **创意总监：**保罗·巴克利 **编辑：**艾尔达·鲁特

• 照片，杰森·拉米雷斯

● **插画师：迈克尔·施瓦伯**

在俄克拉何马州出生长大的我一直能感受到工业衰落的气息。21岁作为图形设计师的我，也离开了这个地方，去加州寻找浪漫和机遇。我比约德幸运，加州张开双臂迎接了我：拍打的海浪，棕榈树，刺激的新想法，美食，好天气，令人为之一振的开放包容——很明显，时代不同了。40年后，我还在加州，她给我带来无限的机遇和自然的美景。我对自己俄克拉何马州的家乡感到骄傲，能为约翰·斯坦贝克这个具有历史意义的**《愤怒的葡萄》**版本做点贡献既荣幸，又感激。

封面原本我有三个构思：饱受风吹雨淋的谷仓和风车剪影、一头老驴和一台破破烂烂的拖拉机，都被舍弃了。拖拉机——故障的、被扔在一边的——似乎是艺术总监杰森和我觉得最适合衰落地区的形象。

我还想到许多其他简单的图像，我们也想到了怎么去运用它们。露营咖啡壶的剪影用在了书脊上，暗示了约德风餐露宿的生活。我找到了旧66号公路的标识。运气不错，都顺利地以最简单的黑白图像用到封面上去了。

我觉得很顺利，没有在创意上纠结。我非常喜欢成品：简单，大胆，有戏剧性。

The Prophecies 百诗集 诺查丹玛斯

设计师：艾瑞克·怀特 **创意总监：**保罗·巴克利 **编辑：**约翰·西奇里亚诺

● **设计师：艾瑞克·怀特**

《百诗集》– 就像一个谜题。我想让读者看到后迷糊一会儿（一会儿就好），然后重新组织字母和符号去读懂它们。非常高兴书名、作者名和“企鹅经典”能保持一致的字号，这样一来更难读懂了！

《孤独》– 我在封面上只放了标题，企鹅的标志在山顶上。这样的表现方式很有力，但文字工作者希望有更多的文字。这样不是已经传递了足够的信息吗？不论以什么形式，封面的大致设计能通过就已经让我激动不已了。

• 备选方案，未采用

The Solitudes 孤独 路易斯·德·贡戈拉

设计师：艾瑞克·怀特 **创意总监：**保罗·巴克利 **编辑：**约翰·西奇里亚诺

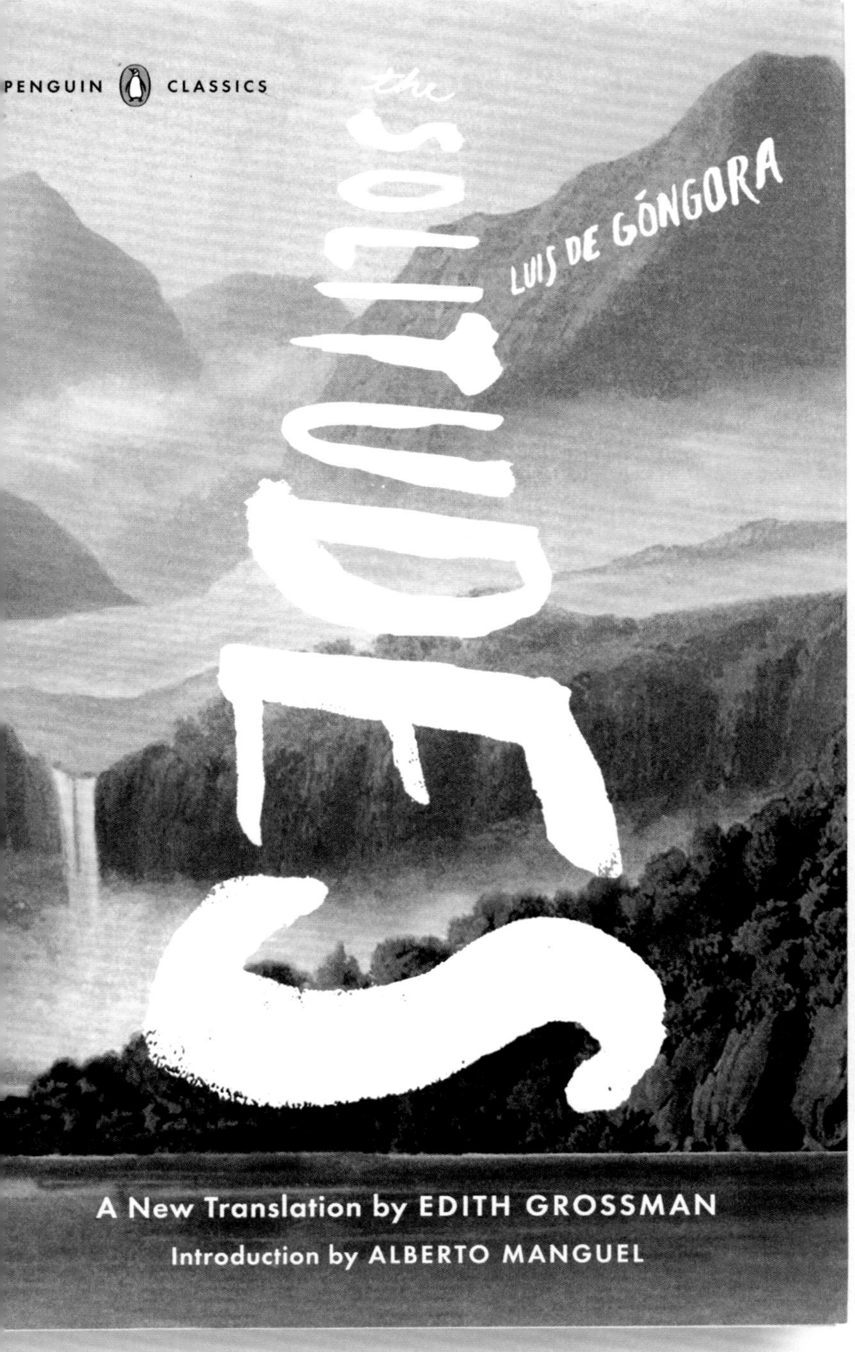

● **译者：伊迪丝·格罗斯曼**

我读研时第一次读到贡戈拉的《**孤独**》，自那以后一直都很喜欢。这部作品出了名的晦涩但又繁复华丽。年复一年，想把它翻译出来的想法萌芽，最后在2011年开花结果变成了这本译作。为企鹅将之翻译成英文是我翻译生涯中最令人振奋的经历之一。

第一眼看到这个直观的封面就让我想到了当时翻译的激动。雾蒙蒙的背景神秘又美丽，但标题不容易读懂，需要从上至下而不是我们习惯的从左到右阅读，尤其是字母大小不一。好吧，我当时内心的感受是，这太棒了：以一种微妙的方式，这封面捕捉到了这首长诗极端的精髓。干得漂亮！

● **导读作者：阿尔维托·曼古埃尔**

《孤独》企鹅经典这一版本的封面设计师准确地抓住了贡戈拉的艺术核心：用语言重建现实世界；诗歌是一幅美景，既是创作的内容，也是描绘其内容的手法；意象和文本相互转化，构成了封面上的直观体验和文本现实，这就是巴洛克的精髓。

精装

Pelican

鹈 鹕

The Pelican
SHAKESPEARE

TITLE

Edited by

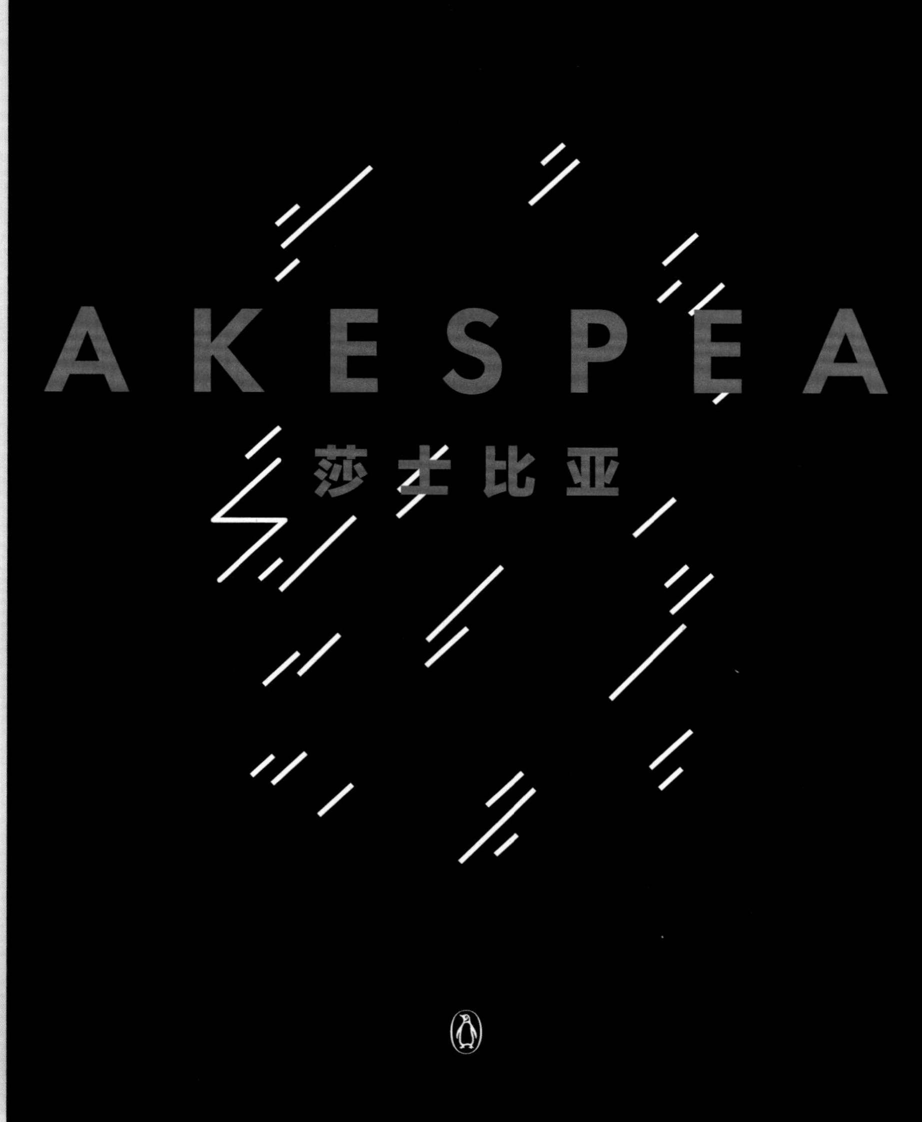

Pelican SHAKESPEARE

鹈鹕莎士比亚 系列 设计、作画：玛努娅·瓦尔迪亚

《罗密欧与朱丽叶》《麦克白》《哈姆雷特》《李尔王》《奥赛罗》《裘力斯·凯撒》
《暴风雨》《第十二夜》《驯悍记》《仲夏夜之梦》

艺术总监：保罗·巴克利 **系列编辑：**艾尔达·鲁特

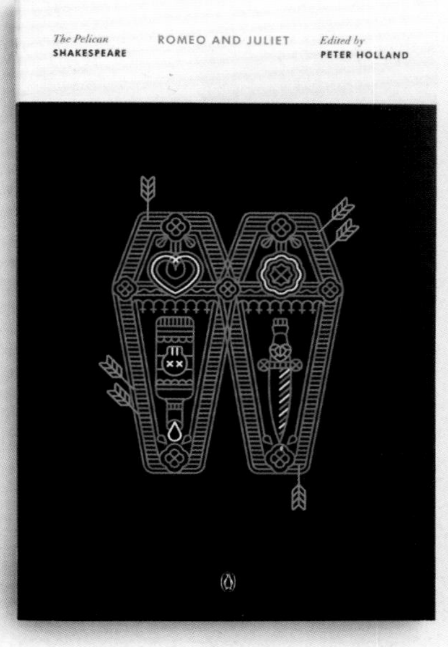

● **设计师、插画师：玛努娅·瓦尔迪亚**

莎士比亚的作品很古老，而我的插画风格很现代。但是，作品呈现的大多数宏大的主题是永恒的。保罗真是天才，能想到用极简的手法给经典重新设计封面。之前的几个版本封面是由米尔顿·格拉泽和戴维·金特尔曼做的，大师杰作，难以超越。我尤其喜欢金特尔曼的，因为他的封面全是木刻版，花了十多年的时间才做完。虽然我的创作过程要快很多，但他的耐心投入激励我把每一本都尽全力做好。

每一部作品都太有代表性了，已有的封面艺术数不胜数，要做有新意的新封面是个挑战。我不想做别人已经做过的，费尽心思去想有意思的创意，用独特的方式去完成一件作品。我剥去了所有琐碎的情节细节，力图把最精彩的浓缩到封面最基础的图形中去。有几本书本身的情节就有视觉上的标志性符号，有些则是抽象的概念，把它们转化成封面艺术有点难。

莎士比亚的作品读起来总是一种享受，但是碰到有些作品里争议性的内容，比如种族歧视、赤裸裸的女性歧视，不是好的阅读体验。你知道的，感觉很糟，因为你站在悍妇这一边！

• 《驯悍记》草图，玛努娅·瓦尔迪亚

鹈鹕 莎士比亚

The Pelican
SHAKESPEARE
OTHELLO
Edited by
RUSS McDONALD

The Pelican
SHAKESPEARE

JULIUS CAESAR

Edited by
WILLIAM MONTGOMERY
With an Introduction by
DOUGLAS TREVOR

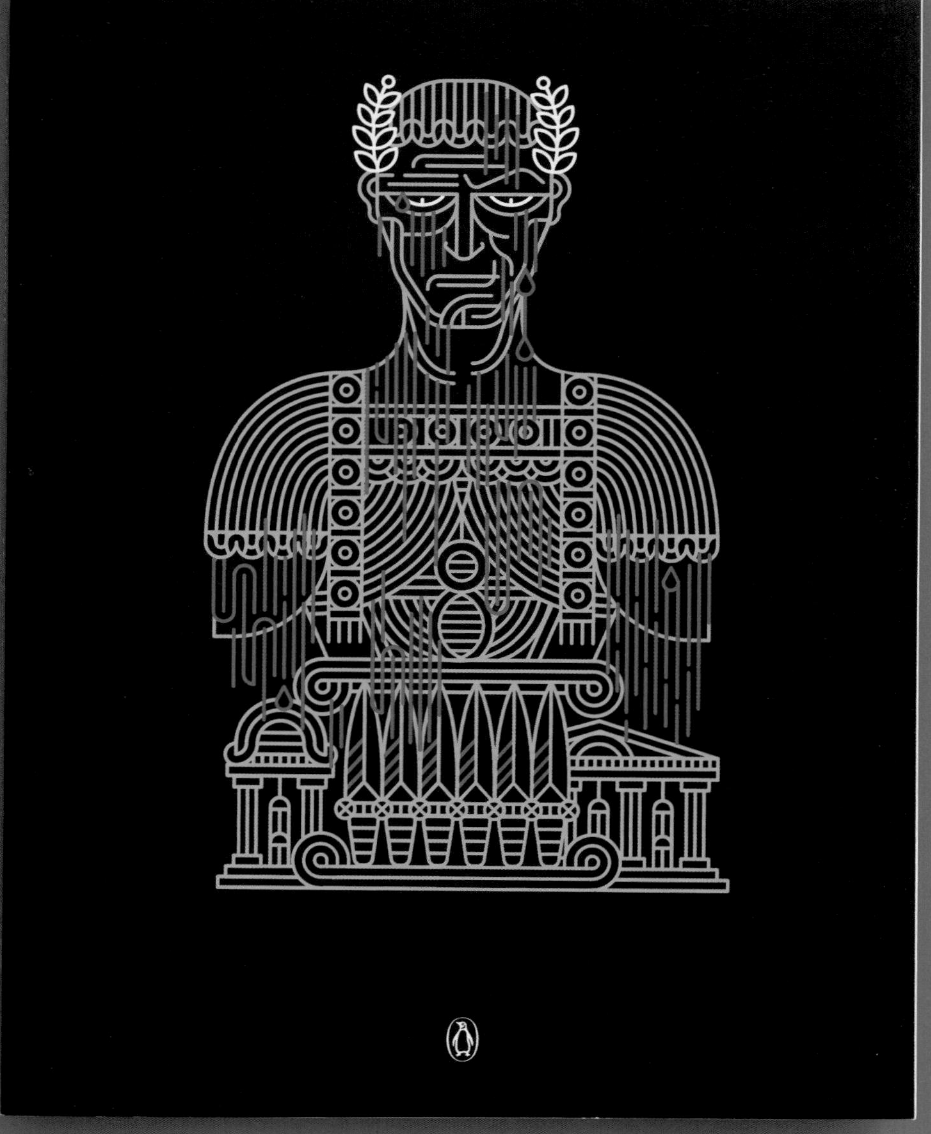

The Pelican
SHAKESPEARE

THE TEMPEST

Edited by
PETER HOLLAND

● 创意总监：保罗·巴克利

找到中意的艺术家很大程度上是机缘巧合，玛努娅·瓦尔迪亚和威廉·莎士比亚的碰撞就是一个绝佳的例子。不管什么时候，我手头上都有那么多项目同时进行，在我觉得世界让我绝望的时候，它有时也给了你一线希望——当你惊慌失措、忧心焦虑，感觉正被截止日期这头猛兽穷追猛赶的时候。通常碰到这种情况，我会仔仔细细翻看办公室邮箱里的艺术家投稿，留心每一幅路过的海报——每一个创作出来的图像只要被我看见，都会让我思考："这个能行吗？会有用吗？如果我这么做？如果我让他们试着这么做？他们愿意调整一下颜色或风格，做个更合适的版本吗？"大致就是这样。

莎士比亚系列是个巨大的委托。工程浩大。40本书，威廉·他妈的·莎士比亚。目前只有大家才做过——米尔顿·格拉泽、里卡尔多·维基奥、戴维·金特尔曼——我绞尽脑汁也想不出到底要找哪位大师。时间紧迫——40本书的系列我不能犯错，不能容许任何失误。我不能拖稿，我不能找不靠谱的或者难沟通的。

就在我焦头烂额的时候，我收到了玛努娅·瓦尔迪亚的邮件，在这之前从没听说过她。总之，99%的此类邮件会被删除，但她属于那1%的（礼貌地）要

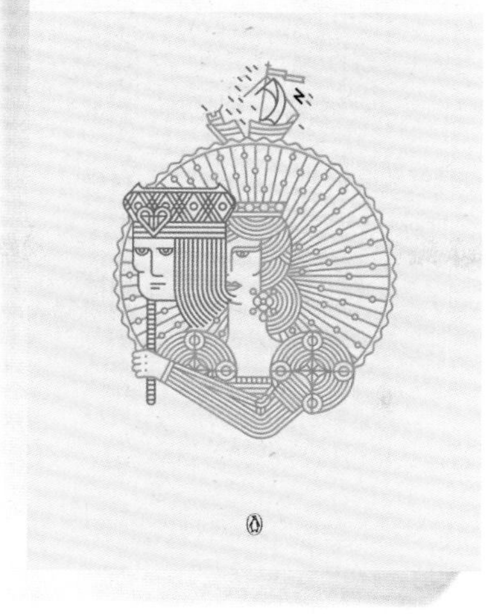

求我看一眼的。邮件标题只有"你好"，内容是她的自我介绍和对我作品的赞美。（好了好了，我的读者大人，我只是和你们一样也喜欢听好话；别对我有意见。）她是由杰西卡·希舍尔引荐的，这也让我多看了一眼，邮件结尾附上了她网站的链接，说请我看看。没有附上样稿，这可不行啊，因为有没有样稿代表了"哇，看上去真棒"和"屎，等下再看吧"的区别，然后这事就被新来的几百封邮件淹没了。

当我点进去一看，真的惊为天人。大多数的高度矢量化的作品都很糟，主要因为这种作品让你眼花，最后变成四不像。但玛努娅的矢量作品绝非此类，和我见过的矢量图完全不一样，设计的精准度把握独到。每一个图形、衔接、看似微不足道的细节都无可挑剔。玛努娅没成为脑外科医生或城市规划师绝对是这个世界的损失。这一类的装饰性作品需要插画师具有深厚的设计功底——巧妙设计的图形组合明明白白摆在那里，任何小差错都无法被掩盖。

所以我脑袋上亮起了小灯泡（俗套的比喻，我知道，但当时我脑袋立刻啪的一声，"这种矢量图和莎士比亚格格不入"，然后马上又"所以这是个绝妙的主意"）。

莎士比亚在我们这个时代由一个在我这行里默默无闻的22岁的艺术家呈现，险之又险，但成果斐然。

MACBETH
KING LEAR
HAMLET
ROMEO AND JULIET

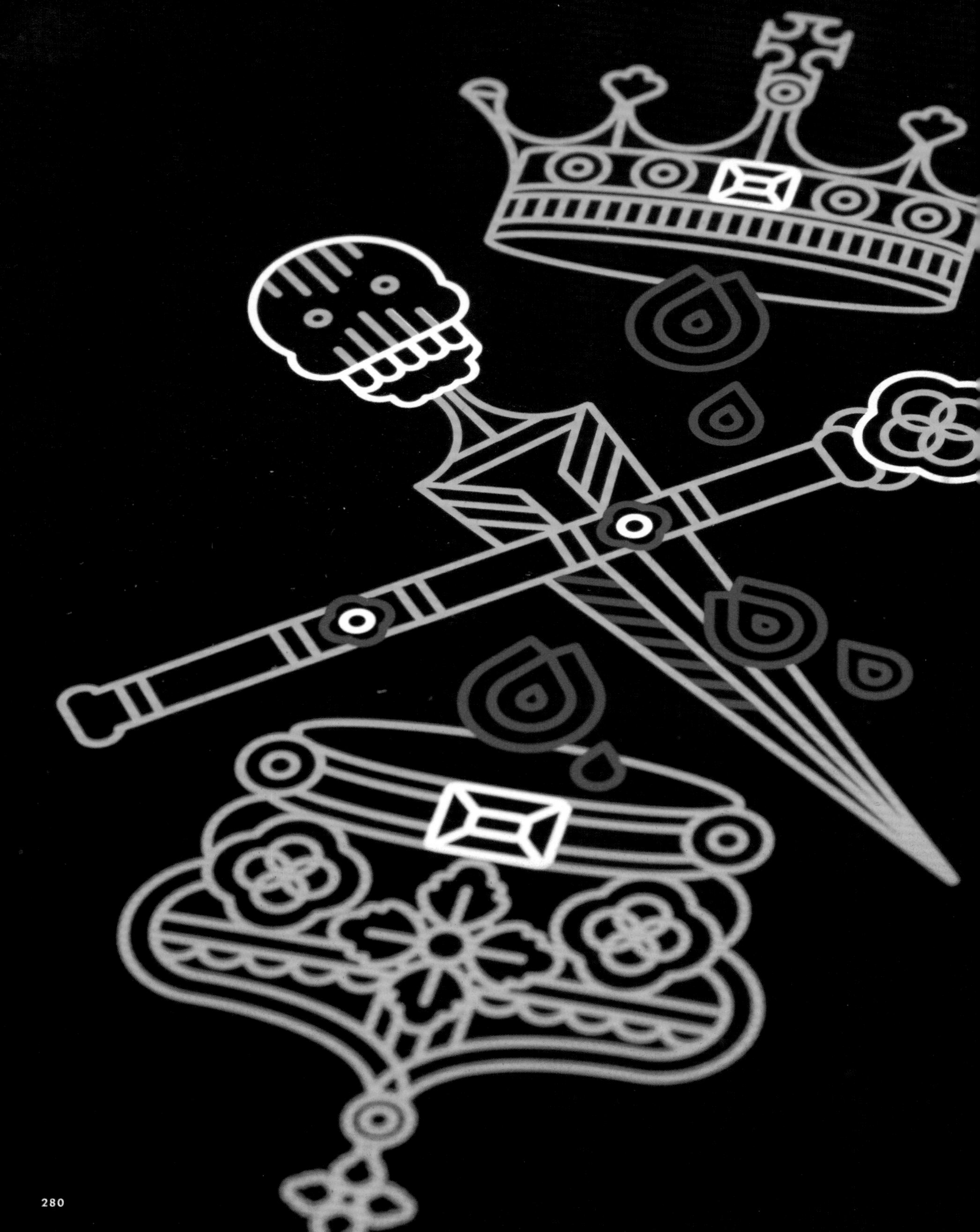

• 摄影，杰·鲁

致谢

Acknowledgments

此书献给艾尔达·鲁特和所有愿意与我们合作的杰出艺术家。我想要总结传达的意思，书中的图片说明了一切，比说什么都管用。

衷心感谢大家！

此外，我绝对、必须要感谢才华横溢的马特·维，是他设计了这本书。我在企鹅兰登书屋身兼数职，要监督数量惊人的员工、子品牌和项目，如果有人抱着一大堆的设计提案想挤进我的办公室，八成都会被我“现在不行，就是不行，等下来找你”这种话打发走。在我管太多的时候，他没有退让，坚定不移地全程把关这个项目，事实常常证明他才是真正的专业人士。

马特，谢谢你。

Index

索引

经典企鹅：从封面到封面

［美］保罗·巴克利 编著
邹欢 译

出品人：姚映然
策划编辑：沈 宇 赵 轩
责任编辑：沈 宇
封面设计：陆智昌
内文排版：龚文婕

出 品：北京世纪文景文化传播有限责任公司
(北京朝阳区东土城路8号林达大厦A座4A 100013)
出版发行：上海人民出版社
印 刷：北京汇瑞嘉合文化发展有限公司
开 本：787mm×1092mm 1/16
印 张：18
字 数：480,000
2018年10月第1版 2018年10月第1次印刷
定 价：129.00元
ISBN：978-7-208-14745-4/TS·29

图书在版编目（CIP）数据

经典企鹅：从封面到封面 / (美) 保罗·巴克利 (Paul Buckley) 编著；邹欢译. -- 上海：上海人民出版社，2017
书名原文：Classic Penguin : Cover to Cover
ISBN 978-7-208-14745-4
Ⅰ. ①经… Ⅱ. ①保… ②邹… Ⅲ. ①封面－设计 Ⅳ. ①TS881
中国版本图书馆CIP数据核字(2017)第203691号

本书如有印装错误，请致电本社更换
010-52187586

• 吉莉安·王斌